貓頭鷹書房

有些書套著嚴肅的學術外衣，但內容平易近人，非常好讀；有些書討論近乎冷僻的主題，其實意蘊深遠，充滿閱讀的樂趣；還有些書大家時時掛在嘴邊，但我們卻從未看過……

如果沒有人推薦、提醒、出版，這些散發著智慧光芒的傑作，就會在我們的生命中錯失——因此我們有了**貓頭鷹書房**，作為這些書安身立命的家，也作為我們智性活動的主題樂園。

貓頭鷹書房——智者在此垂釣

內容簡介　諾貝爾物理獎得主列德曼曾說過：「我希望能活著看到，所有的物理學簡化成一個優雅而簡單的公式，簡單到可以寫在一件T恤的正面。」這段文字訴說了千百年來物理學家最終極的渴望——了解宇宙的關鍵。自科學發展以來，物理學家就致力於找出最核心的理論，來解釋我們身處的宇宙。本書是人類追求這個物理聖杯的故事，作者佛克把這個主題嵌入歷史的軸線，從古希臘人寫到牛頓、馬克士威與愛因斯坦的突破，一直到最新的弦論，以及現今物理學界為整合量子理論與廣義相對論所做的努力。透過佛克巧妙的安排，我們熟悉的科學家輪番上陣展現他們獨特的性格，刻畫出清晰的科學發展脈絡。他們將重燃你探索世界的熱情！

作者簡介　佛克專事科學寫作，作品散見於《環球郵報》、《多倫多星報》、《海象》雜誌、《農舍生活》雜誌、《天空新聞》雜誌、《天文學》雜誌、《新科學人》雜誌，也定期為加拿大廣播公司的「好點子」和「怪怪與夸克」節目撰稿。他得過的獎項包括「紐約節」的「廣播節目金獎」和美國物理學會的「物理學及天文學科學寫作獎」。佛克的第一本書《T恤上的宇宙》在二〇〇二年獲得加拿大科學寫作人協會頒發「大眾科學新聞寫作獎」，另著有暢銷書《探索時間之謎》。他目前定居加拿大多倫多。

譯者簡介　葉偉文，國立清華大學核子工程系畢業，原子科學研究所碩士（保健物理組）。曾任台灣電力公司核能發電處放射實驗室主任、國家標準起草委員（核子工程類）及中華民國實驗室認證體系的評鑑技術委員（游離輻射領域）。現任台灣電力公司緊急計畫執行委員會執行祕書。譯有《愛麗絲漫遊量子奇境》、《小氣財神的物理夢遊記》、《物理馬戲團1、2、3》、《看漫畫，學物理》、《費曼手札》、《刻卜勒的猜想》、《觀念化學I》等四十多種書。並曾翻譯大量專業作品，散見於《台電核能月刊》。

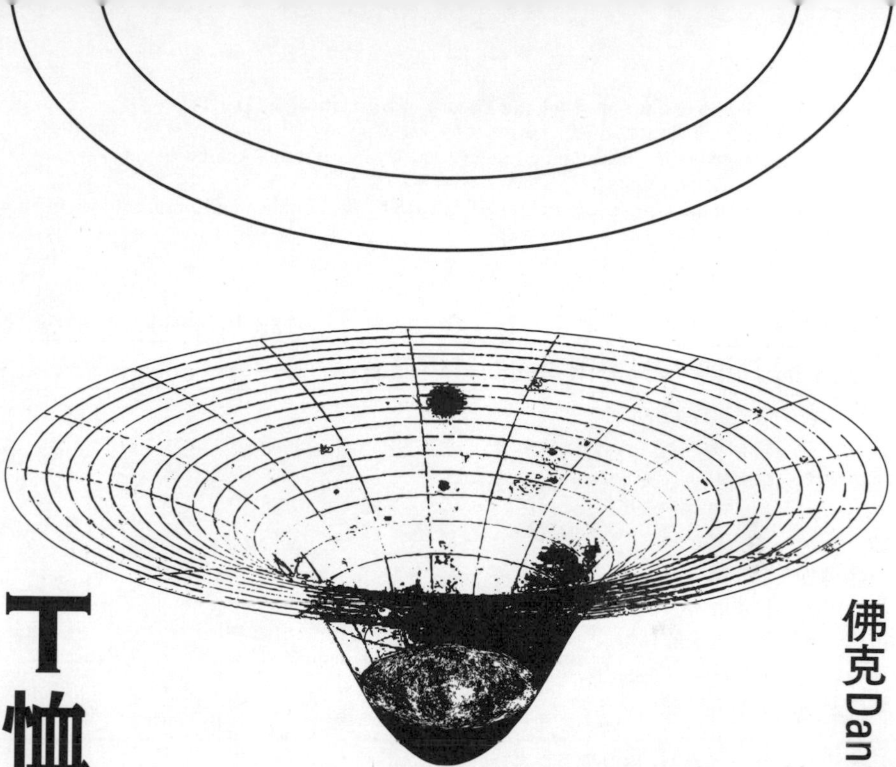

T恤上的宇宙

佛克 Dan Falk◎著

葉偉文◎譯

UNIVERSE ON A T-SHIRT: THE QUEST FOR THE THEORY OF EVERYTHING

尋找宇宙萬物的終極理論

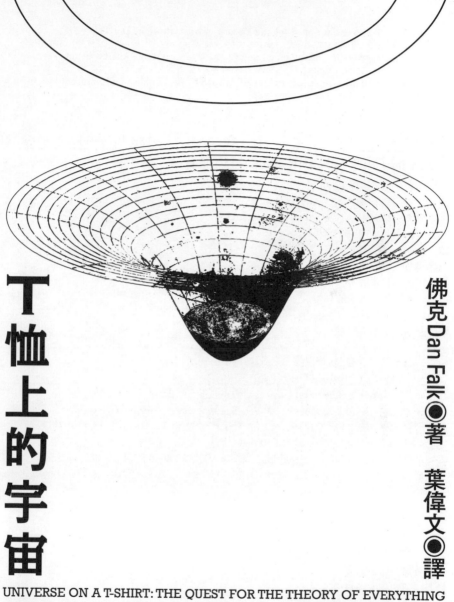

貓頭鷹書房 235 ISBN 978-986-262-347-3

T恤上的宇宙：尋找宇宙萬物的終極理論

作　　者　佛克（Dan Falk）
譯　　者　葉偉文
選書責編　曾琬迪
協力編輯　戴嘉宏
校　　對　魏秋綢
版面構成　張靜怡
封面設計　徐睿紳
行銷業務　鄭詠文、陳昱甄
總 編 輯　謝宜英
出 版 者　貓頭鷹出版
發 行 人　涂玉雲
發　　行　英屬蓋曼群島商家庭傳媒股份有限公司城邦分公司
104 台北市中山區民生東路二段 141 號 11 樓
畫撥帳號：19863813；戶名：書虫股份有限公司
城邦讀書花園：www.cite.com.tw　購書服務信箱：service@readingclub.com.tw
購書服務專線：02-2500-7718~9（周一至周五上午 09:30-12:00；下午 13:30-17:00）
24 小時傳真專線：02-2500-1990；25001991
香港發行所　城邦（香港）出版集團／電話：852-2877-8606／傳真：852-2578-9337
香港發行所　城邦（馬新）出版集團／電話：603-9056-3833／傳真：603-9057-6622
印 製 廠　成陽印刷股份有限公司
初　　版　2012 年 3 月
二　　版　2018 年 4 月

定　　價　新台幣 360 元／港幣 120 元

讀者意見信箱　owl@cph.com.tw
投稿信箱　owl.book@gmail.com
貓頭鷹知識網　www.owls.tw
貓頭鷹臉書　facebook.com/owlpublishing
【大量採購，請洽專線】(02) 2500-1919

■深度導讀

沒有終點的旅程*

徐遐生

佛克這本解釋物理基礎定律的企圖之作，肇因於物理學家列德曼發人省思的一段話：「我希望能活著看到，所有的物理學簡化成一個優雅而簡單的公式，簡單到可以寫在一件T恤的正面。」在美國，方程式是科普書的票房毒藥，所以為了美國讀者，這本厚達兩百多頁的書，一條公式都沒列。中文讀者比較能接受數學公式，知道一些公式可能也比較容易理解這本書的主題。

本書以歷史的角度切入，從古希臘哲學家泰勒斯開始。他在解釋為什麼太陽會在大白天消失時，捨棄神話中諸神與惡龍的傳統說法，改以預測太陽、月球和地球的相對位置，來解釋日蝕現象的成因。此外，泰勒斯認為宇宙是由「水」構成的，不過很快又被其他哲人添上「火」「地」「風」三個構成宇宙的「元素」。因為亞里斯多德認為「自然厭惡真空」，所以在四元素之外，又提出第五元素。接下來，佛克轉而介紹古希臘唯物主義哲學家德謨克利特的「原子與虛空」概念。「元素」是種準化學概念，而建構世界的小磚塊——「原子」，則是與之相對的準物理學概念。這兩組探討宇宙組

＊本文由英文撰寫，經徐遐生院士同意譯為中文。

成的概念最後在量子理論的世界完成統合。而任何一個出現在這件象徵性T恤上的公式，必不離以下這個主軸：以合理的方法解析自然世界，並從唯物觀點尋找構成宇宙的那些基本磚塊。

介紹完古希臘時期之後，佛克跳過伊斯蘭世界與亞洲的科學成就，快速瀏覽大家耳熟能詳的哥白尼、克卜勒和伽利略的事蹟，然後在牛頓發現力學定律與萬有引力時，故事到達第一個高潮。克卜勒提出行星繞行太陽的軌道是橢圓形的，而牛頓發現的理論可以解釋這個現象。這被視為第一個成功的「萬有理論」，也漂亮地達到列德曼那件T恤上大部分的標準。接下來，哈雷的發現，總結了哥白尼革命時代的成就：他辨認出原來歷史上多次出現的明亮彗星，其實都是同一顆星體再現。如今這顆彗星已以他的大名命名。若是哈雷忽略木星的重力影響，只遵循牛頓力學與克卜勒定律（亦即只考慮太陽和彗星的交互作用），那這場在哈雷去世後數十年才應驗的彗星回歸時間，便不會如此驚人地準確。科學史上常將這個偉大成就，視為文藝復興轉換到啟蒙時代的分水嶺，因為它呈現出現代科學的可預測性。從此以後，人們從各種學問中確立了一套科學方法，而不再只是無法驗證的猜想。

爾後，人們再進一步透析大自然的基本力。這時，電和磁成為這時期的焦點。法拉第雖然出身貧困，但他提出的電磁**場**對物理學有相當大的貢獻。馬克士威方程組則進一步整合了法拉第與吉伯特、庫侖、富蘭克林、安培、厄司特等諸多科學家的貢獻。本書作者佛克為了避免數學公式，較無法詳述其中的向量與「場」的概念（「場」和「粒子」已成為近代物理的兩大支柱），若可以用更多的圖像來解說就更好了。電磁場理論催生了藉由力學運動產生的交流電，也奠定了現代文明的基礎。的確，當美國國家工程學院選出二十世紀最重要的創新成果時，獲選的是電氣化，而非大家熟知的電腦或是雷射技術。不過這裡還有個故事：馬克士威為了解決安培定律在不穩定狀態下無法滿足電荷守恆的情況，於是將「飄移電流」的概念引入了安培定律。這個決定性的修正，使我們得以描述電磁波如何在真空（或馬克士威假設的「以太」）中傳播。這裡所謂的真空，指的是沒有電場或磁場，或沒有任何電荷或電流的狀態，而這也導出一項理論物理學上的重大結論：所有的光都是電磁波。很巧的是，馬克士威這四條整合電、磁與光的方程式，也被許多認同書名概念的技客廣為印製，出現在許多大學校園販售的T恤上。

敘述完馬克士威的成就後，故事來到了狹義相對論。這部分仍然很精簡。在馬克士威的「光是電磁波」的概念底下，佛克簡述了以太作為電磁波介質的缺點。這個缺點在邁克生—莫立實驗上表露無遺。佛克提到，愛因斯坦這篇開創性的論文略過以太這個概念，直接從別的方法著手。愛因斯坦從一個自他十六歲就開始進行的思想實驗，推斷牛頓力學與馬克士威電磁方程組無法同時成立。基於天生的物理美感與科學勇氣，愛因斯坦認為馬克士威方程組美得無懈可擊，因此，需要修正的應當是一直以來被尊為神人的牛頓所提出的力學理論。在牛頓力學的架構之下，時間和空間是絕對的，如此一來，當觀測者追上光的速度後，會看到光是「定住」的波，而非隨時間變化的波。但根據馬克士威方程組，光在真空中也能傳播，但定住的波無法解釋這個現象。為了解決這個難題，需要一項大膽的假設：無論觀測者的速度有多快，被觀測到的光速永遠恆定（約每秒三十萬公里）。這項假設使得這些現象有了合理的解釋，有時候甚至簡單到可以利用高中程度的數學去理解，例如時間膨脹、長度收縮，甚至是愛因斯坦最有名的公式$E=mc^2$。（即便如此，佛克仍沒放任自己使用數學公式說明。）

要解說廣義相對論則較為困難，因為廣義相對論牽涉到黎曼幾何。所以到了這裡，作者藉由橡膠板等常見的方式說明這個概念。要解釋黑洞作為空間結構中心孔洞的樣子，圖說比起文字或數學讓人更容易理解，也更容易說明為什麼在黑洞中並沒有常人所理解的時空概念。佛克用「福至心靈」形容愛因斯坦看出等效原理的那一瞬間。就像在自由落體的情況下，人感覺不到自己的重量，愛因斯坦也假設觀測者無法在局部量測時，分辨出慣性力或引力。愛因斯坦在著名的電梯實驗中，透過等效原理進一步探討廣義相對論。在這個思考實驗中，觀測者將會看到光線在通過加速的電梯時，其行進路徑是彎曲的。觀測者會認為他處於一個重力場中（例如地球），進而推斷出光線可以被重力彎曲。這也可以連結到一個觀念：因為光有尋求最短路徑的特性，所以藉由光線的路徑，可以找出兩點之間最短的距離（或直觀上來說，所謂的「直線」距離）。因此，與其說是重力將平坦時空中的光線彎曲，不如說是重力將時空扭曲，而光線始終行走最短路徑上，所以會跟時空一起彎曲。

在前面這個部分，作者釐清了一個正確觀念：相對論相對於古典牛頓力學與馬克士威場論而言，只是種進化（evolutions）而不是革命（revolutions）。二十世紀的量子力學理論，才算是真正的革命。作者從廣為人知的故事開始說起。拉塞福發現了原子核，然後普朗克在解釋黑體輻射現象時，提出物質是由微小的量子諧振子所構成的假設；接下來是波耳找出氫原子的穩定態，德布羅意提出波粒二象性，海森堡完成了矩陣力學（雖然他自己從沒使用過這個術語），以及薛丁格的波函數運動方程式。不過，就像德布羅意繪製的波型電子軌道，圖表對於解說更有幫助。作者為避免數學而使用文字敘述，就只能傳遞模糊的概念，這點對需要深入的讀者來說稍嫌可惜。嚴格來講，缺少矩陣和波函數的計算，也使得讀者只能概念性地理解狄拉克如何成功融會量子力學和狹義相對論。狄拉克借用包立所提出的量子自旋理論（現在用來區別出費米子和玻色子），發展出描述電子相對論性的方程式，也因此成功預測了反物質（或更精確來說，反電子或正子）的存在。因為篇幅的限制，在此只述其然，未能詳述其所以然。

在量子電動力學中，自洽性（self-consistency）的難題，書中僅約略提及，沒能更進一步地說明。同樣的，作者也沒有介紹在對質量與電荷重整化時，如何在計算微擾展開的高階項時避免發散的問題。這使得讀者無法細細品味重力（或廣義相對論）與量子場論結合的過程。由於量子電動力學的空前成就，物理學似乎進入下一個階段，準備統合自然界四種基本交互作用力了。其中，強核力可視為一種將質子黏著在一起，形成原子核的基本交互作用力。但由於作者未進一步說明原子核的中子與質子可藉由弱核力互相變換的概念，所以弱交互作用在文章中的敘述較為薄弱。若非如此，佛克在介紹能量與動量的弱交互作用時，這些素材就能提供更好的切入點。例如可以從質子與中子如何藉由吸收（或放射出）電子或正子，來平衡電荷差異的β衰變切入。總之，作者在介紹大統一理論時也和介紹電弱交互作用理論時一樣，因為篇幅受限，只做了部分說明。但就經驗上來看，也是因為標準模型裡大量反覆無常的參數十分棘手。令人不安的是，象徵古典力學的重力一直無法被量子化，也無法與自然界其他三個基本力統合。一定有什麼被遺漏了。作者指出，能夠填補這個失落環節的，或許就是超對稱、非點粒子和多維空間。

雖然要了解這些理論需要複雜的數學知識，但是作者仍在篇幅的限制下，嘗試向讀者簡述這個理論的大意。在本書第七章，提到了超對稱的概念如何將重力引入其他三種基本作用力的框架中，也討論物理學家如何嘗試用非點粒子（譬如弦論或M理論）解決無窮大發散的問題；還有如何用更多的維度來解釋重力為何較其他三種力弱得多。（不同於電荷與色荷只有單一「味」*且只能在原子尺度下作用，質量造成的重力，其作用尺度遠達星際空間。）

我認為本書倒數第二章最精采，這部分處理了萬有理論和神學之間的關係。作者在化約論研究方法的極限和「填補空隙的神」這兩個互補的主題之間掙扎擺盪。這兩種想法都能圓滿本書一開始的追求動機，亦即嘗試用科學或神學的方法，在看似混沌的宇宙中找尋規律與秩序。如果說，科學與宗教其實都始於相同前提——也就是兩者都深信宇宙的根基乃是建立於理性的法則——對許多人來說，在宇宙是否有任何意義這個問題上，科學與宗教卻導致了非常不同的結論（假定萬有理論的探尋之旅的確幾已完成）。而作者明智地避開這些問題，轉而提供各種討論與想法。

綜而觀之，我認為本書只獲得部分的成功。畢竟在整個科學領域，甚至是單就物理領域的內容來說，已經豐富到無法寫到T恤上，這使得書名所述的企圖難以達成。討論科學通常就不容易了，要在沒有數學公式的輔助之下說明，更是難上加難，所以縱使作者如此努力不懈，卻仍未竟全功。但如果作者真的依照這篇導讀的每一個建議加以增修解釋，本書篇幅至少要暴增一倍以上。因為當一個理論發展得愈完善時，除了要解釋原有的理論範疇，更要說明新的發展，以至於其內容只會更趨複雜，而不會愈趨簡單。就像廣義相對論比牛頓力學複雜、量子場論比量子力學繁複等等。簡約並不是判斷真理的標準。

即使是優美和適用性也不盡然是真理的判準。嚴格來說，牛頓力學也是有所缺陷的，但是卻意外地優美而好用。事實上，牛頓力學在大部分的情況下，遠比弦論好用。換言之，完整的理論是美的，但有缺陷的理論又未嘗不是。因為好的理論兼具真和美，所以近似的理論雖然不完整，但也具有一定的美感。例如在普朗克常數趨近於零（$h\to 0$），或是光速接近無限快（$c\to\infty$）的情況下，就可以忽略古典力學的缺陷。大部分科學家相信更好的理論必然是美的，而近似理論（如牛頓力學）的美，只是先將完美理論之美提早體現而已。就像目前很多的物理公式一樣，最終理論也可能以醜陋龐雜的形式出現，卻有完美的近似式。不過就像作者所說的，根據歷史經驗，到最後許多公式都有美麗的最終形態。

儘管有部分粒子物理學家和宇宙學家致力於此，化約的程序仍僅占今日整體科學界的一小部分。以目前基礎理論中最成功的量子電動力學為例，透過狄拉克方程式，量子電動力學便能在生物、化學、電子工業與大部分材料科學領域，發揮極致細密的實際應用，而且既正確又精準。目前若要選出一組既簡潔又優雅，印在T恤上也能讓所有人都滿意的公式，那麼經過一般化的馬克士威方程組與薛丁格方程式，都是相當合適的選擇。不過值得留意的是，T恤上公式的簡短只是錯覺，因為要花很多時間和精力從課堂上與教科書中學習，才能了解上面的符號及其概念。少了這些工夫，即便T恤上的式子看來很短，也不會因此而比較簡單。

而且先不論化學、電子學與材料科學，狄拉克方程式有可能成為生物學的萬有理論嗎？當我們看著狄拉克方程式，可以馬上了解DNA的本質嗎？可以理解遺傳密碼嗎？可以理解細胞如何複製分化、新陳代謝，多個細胞之間如何組織與傳遞訊息嗎？狄拉克方程式可以讓人馬上聯想到達爾文的進化論嗎？當然不行！狄拉克方程式與DNA之間的差距之大，就跟DNA和天上的老鷹一樣遠。若是

＊「味」是一個粒子物理學名詞，用來描述粒子的量子數。例如夸克可區分為底、頂、上、下、魅、奇六種不同的「味」。在電弱理論中，夸克可由味變過程而衰變為低質量態的夸克（如上、下夸克）。

有粒子物理學家、宇宙學家或科學記者認為「萬有理論」就是「解釋一切的理論」，輕則只是自已嚴重低估科學的豐富性與多樣性，重則讓那些憎恨別人誇耀自己無所不知的現代科學反對者得到更多抨擊題材。

實際上，目前科學界絕大多數研究者，都因為這個世界的組成與變化過於複雜，以至於無法只採取化約論方法，還得結合一些心智架構。就像有些高等定理，例如熱力學第二定律或納維—斯托克斯方程式，仍需要經由簡化法、逼近法，或透過半經驗法則來求得結果。這些高等定理也兼具精深的內涵與廣泛的應用範圍。而化約論者認為，就像棒球比賽一樣，要提升這些科學界巨砲的表現，最好的方法就是別去想什麼雙殺或三殺打，也別去要求團隊來場無安打比賽。沒有人知道科學是否已經發展到化約論的極限了，但可以確定的是，在複雜系統的應用上，整體科學的發展幾乎是沒有極限的。終極的基礎方程式會出現在T恤上，無論這方程式是精確解、近似解或只是可能的解，都將和宇宙一樣豐富而奧妙，甚至超越任何一個地球人的想像。而科學，亦將無遠弗屆地發展下去。

徐遐生 美國國家科學院院士、中央研究院院士與美國國家藝術與科學院院士。曾任美國天文學會會長，美國加州大學柏克萊分校、聖地牙哥分校教授，國立清華大學校長。現為中央研究院天文及天文物理研究所特聘研究員。

獻給我的父母

目次

T恤上的宇宙：尋找宇宙萬物的終極理論

引言

我希望能活著看到，所有的物理學簡化成一個優雅而簡單的公式，簡單到可以寫在一件T恤的正面。

列德曼

我們對萬有理論的渴望，是希望在物理學上出現一個最終的發現。在此之後，物理學的研究只是對其內容的改良，或說明的簡化……。最後，它可以呈現在一件T恤上。

巴羅

我們終於可以用一種簡單、明白而優雅的辦法來闡述宇宙了，而且不必採用太冗長、太專門的說明。這個「萬有理論」可以解釋我們所見、所處的整個物理世界，其中包括了人和植物，汽車與彗星，沙粒和星星。它說明了我們宇宙的起源，並且描述了大部分的基本組成要素。當然，理論可能是以抽象的數學形式來呈現，但是其理論的核心觀念卻可能非常簡單，簡單到可以寫在一件T恤上。我們在文章開頭引述了大西洋兩岸兩位頂尖物理學家的說法，可見這個非凡的目標不全然是空穴來風的幻想。它聽起來有點像是大學教職員休息室的周末閒談，或是地方上學生在酒吧裡的自由討論。不過，這並不是一種無厘頭的奇想，而是一種有邏輯脈絡的想法。這是所有物理學家每天工作的一種自然延伸，也是科學誕生以來，他們一直在做的事。

在以下的文章裡，我們將從古代開始，經科學革命，一直到現代令人興奮的宇宙學及粒子物理學觀念，仔細探討這項經簡化的探索。不過我們不打算從一個歷史或物理事件開始，而是從一個謎題出發。假設你觀察對街的一間房子，你先是看到一位醫師進去，接著是一位律師，最後是一位牧師。那麼，屋子裡發生了什麼事？在繼續看下去之前，請先暫停片刻，思索一下，看你能不能解開這個謎。

你可能會猜屋主是得了重症，所以先來了一位醫師來為他看病，接著由律師來為他處理遺囑相關事宜，最後來的牧師，則是完成最後的儀式。當然，這個題目的答案看起來很明顯，因為它既簡單，又符合邏輯。

當然，在這個謎題裡，所描述的情況是完全人為的。但不論是科學家或非科學家，每天都會遇到許多類似情況，其中有些很困難，有些則比較簡單。假設你走進客廳發現窗戶破了，窗戶旁邊的地毯上有許多碎玻璃，旁邊的檯燈也倒了，就在被推倒的檯燈旁邊，出現了一個很關鍵的線索：一顆棒球。這個線索提供了一個很明確的答案：有人不小心把棒球打進你家了。當然，你也可以推論出另一個不同的答案：有個小偷想從窗戶潛入屋內，但是不知道什麼原因卻放棄了，而燈則是被狗撞倒的，牠在花園裡撿到一顆棒球，叼進屋裡來。你不必是一個科學家，也可以分辨上面兩種情況，哪一種比較可能發生。

當答案很明顯時，問題就簡單得好像理所當然；但當答案不明顯時，想要解決問題可能就很耗時了，有時候甚至得花上幾個世紀都還無法解決。其實在現代科學尚未發展之前，哲學家就已經考慮該如何解決這一類困難的問題，他們發現一些簡單又優美的答案，往往也是正確的。中世紀有一位英國教士名叫奧坎，就曾經很簡潔地表達了這個觀念，因此後來他的名字就和這個理念連結在一起，我們稱這個理念為「奧坎剃刀」。

奧坎剃刀是一種科學家所使用、最重要的「邏輯工具」，當他們面對一大堆令人迷惑的數據時，科學家所找的是已知現象裡最簡單的答案，這點在物理學上尤其重要。物理學家的目標永遠是**化簡**，在無數次的觀察之後，盡可能用最少的定律或公式來解釋這些觀察。但物理學並不是哲學，因此，科學家必須再多走幾步，處理一些後續的事情。奧坎剃刀是個有用的指導方針，但它只是個起點，每個科學的理論最後都必須依靠實驗來證實。理論必須預測出一些特定的結果，而科學家必須在實驗室裡進行各種測試，看看能不能得到這些結果。如果理論和觀察到的證據不一致，儘管可能會有人想緊緊抱住原來的理論不放，但它終究會被淘汰。這種做法，也就是所謂的**科學方法**，在過去四百年裡已經成功產出驚人的貢獻，從伽利略和牛頓，到二十世紀相對論和量子理論的科學大革命，直到今天，它還一直豐富我們對宇宙的了解。

但是在近代物理的某些分支裡實驗測試是非常困難的，有時候幾乎不可能。其中有兩個領域特別具有挑戰性：一個是高能的粒子物理，研究的是人自然最基本的結構物質；另一個是宇宙學，研究宇宙本身的起源和演變。這兩個學門乍看之下似乎毫不相干，但其實它們之間有著密切的關係。粒子物理學家研究的是在極端狀況下，物質與能量之間的關係，他們的研究方法，主要是利用巨型的加速

上圖是哈伯太空望遠鏡所拍攝、距離地球大約一百億光年的銀河照片。下圖的照片則是次原子粒子在磁場裡呈螺旋型彎曲前進的照片。一個成功的萬有理論，可以應用在這兩個領域裡，同時解決非常大（在宇宙學上）和非常小（在粒子物理學上）的問題。

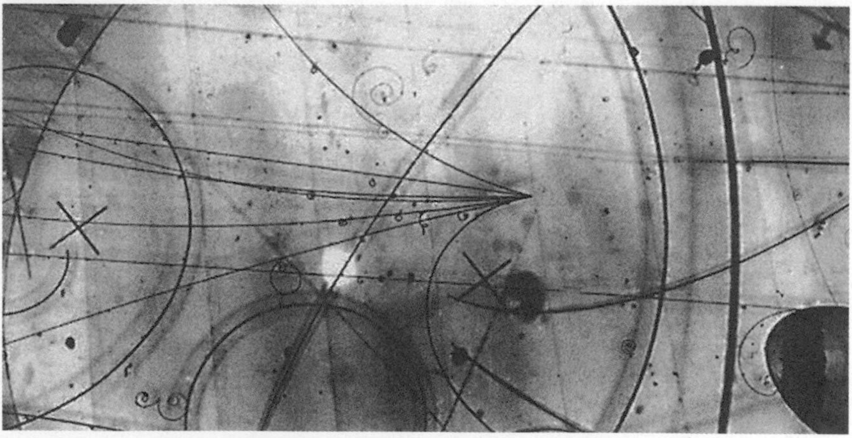

器，讓粒子以極大的能量互相撞擊，看看會得到什麼結果。在我們宇宙形成的早期階段，也出現過類似的極端狀況，宇宙學家研究的領域就是大霹靂之後的一秒鐘。大約發生在一百五十億年前的那場大爆炸，即所謂的大霹靂，造就了我們今天的宇宙。當時的宇宙十分熾熱、稠密，以至於今天我們所見的各種作用力，當時都是來自同樣一種力。宇宙早期可能只有一種力，而且能用一個理論來加以描述。粒子物理學家和宇宙學家都拚命想找出這個理論，這也就是所謂的萬有理論。

現今很多人把關注的焦點擺在「弦論」，它是利用一小圈弦來描述所有已知的粒子與作用力。弦論本身並不像聽起來那麼瘋狂，事實上在經過某些改良和修正之後，弦論可能是最有希望的物理統一理論。當然，我們不可能在實驗室裡，重新創造出像大霹靂那樣的能量水準。就算是現今最強大的粒子加速器，也還差得遠。換句話說，我們並沒有直接的方法可以測試弦論。那麼，理論物理學家又能做些什麼事呢？他們或許能夠測試理論的某個部分，看看理論是不是在一個正確的方向上，和其他更完整的理論是否一致；另一種策略則是留意奧坎的原則，看看理論是否夠簡化。時至今日，科學往往是外人難以理解的，公式也非常複雜，不過它們的基本觀念卻往往簡單、漂亮得令人吃驚。

為了找出簡潔、優美的解釋，物理學家追求能夠說明最大範圍物理現象的理論。如果可能，他們就在實驗室裡測試自己的理論；如果無法實驗，他們就在黑板或電腦上演算，他們通常可以辦到。從伽利略和牛頓，到馬克士威和愛因斯坦，物理科學裡每一次重大的革命，都是對宇宙更新、更簡化的看法所造成的，而這些看法的優雅陳述，往往都可以用幾條簡單的方程式來加以表達。

為了使我的敘述更簡單一些，在說這些故事的時候，我不會使用像「非可交換度量理論」「重新常態化」或「非擾動性方法」之類艱深的字眼。不過，我們還是得花點心思，因為我們還是會談到相對論與量子力學，也會探討弦論、黑洞和隱藏的維度。不過，我們只討論簡單與統合的主題，不會進入沒有必要的細節與深度，偶爾會談到相關的數學，但絕不會做數學運算。

為了要真正了解這個探索，我們必須了解它的過去，我們必須明白事情的起源和它中間變化的過程。因此，我們就從哲學與科學還合而為一的日子開始。本書是很多科學觀念的歷史故事，也是人的故事，裡面有些是積極熱血的實驗科學家，有些則是天才橫溢的理論科學家，也有少數幾個純粹是幸運，但他們同樣都在追尋進一步的簡化。在追尋物理學聖杯——萬有理論的過程裡，他們都有著一定程度的貢獻。

第一章　光與影

希臘世界與科學的開始

奧林匹亞眾神之父宙斯，在日正當中時把陽光藏起來，使白天變成黑夜，人類頓時驚慌失措。

亞基羅古斯，西元前七世紀

就在下午時分，牧羊人覺得事情有點不尋常，羊群鼓噪不安，一直咩咩叫；小鳥也像黃昏那樣喧鬧。但其實現在只是下午，離太陽下山的時間還有兩個小時之久，然而陽光卻慢慢減弱，空氣也涼爽了起來。光線的顏色一直在改變，先變成橘黃色的微光，後來變成很弱的銀灰色。就在此同時，影子變得愈來愈淡，最後出現了一件不可思議的事，陽光居然消失了。

以我們目前的曆法來算，當天是西元前五八五年五月二十八日。對於位在小亞細亞愛奧尼亞省的希臘移民來說，依照他們每四年一算的曆法，當時的時間是第四十八屆奧林匹亞年的第四年。在愛琴海沿岸的城市裡（現今有部分為土耳其領土），成千上萬的人停下手邊的工作，觀看這場在空中上演的天文奇景。他們之中的大部分人都不知道到底發生了什麼事，有些年長或曾經到處旅行、見多識廣的人聽說過這種天文景象，知道這是日蝕。正確地說，是月亮正好在大白天，通過地球和太陽的正中間，擋住陽光使得天空暗下來。

當時在靠近哈里斯河的東方平原上，正在進行一場戰爭。住在希臘內地的呂底亞人，和原本住在裡海南部的入侵者——米提人正在大戰。根據歐洲第一位歷史學家——希臘學者希羅多德的記載，我們知道這場戰爭已經打了五年之久。希羅多德活在西元前五世紀，他告訴我們，呂底亞人和米提人互有勝負，而且「由於戰爭膠著了五年多，就在雙方廝殺之際，白天突然變成黑夜。」這就是西元前五八五年那場日蝕的明確佐證。交戰雙方看到這場異象，都認為是自己的神祇對這場戰爭的不滿，或許純粹是連年戰爭已經搞得兩大帝國民窮財盡了。因此，雙方就隨即停戰，並且很快達成一項和平協定，雙方領袖也交換了誓約。根據希羅多德的說法，雙方甚至歃血為盟，各自在手臂上畫了一道淺淺的傷口，然後互舔對方的鮮血。

日蝕確實引起交戰中呂底亞人和米提人的注意，也吸引了絕大部分希臘人的目光。但是有一位名叫泰勒斯的人，卻對這場日蝕不覺得意外。希羅多德告訴我們，「米利都的泰勒斯曾對愛奧尼亞人預言了這場日蝕的發生。告訴他們在什麼日子，什麼地方會發生這種白天變成夜晚的事，而且預言也確實發生了。」

希羅多德的記述當然引發很多學者的爭論，但如果就其記載的表面價值來看，西元前五八五年的這場日蝕，可以說是人類文明史上的一個轉捩點，我們不再把日蝕當成是一種神明的旨意。泰勒斯認為日蝕的發生有其合乎邏輯的原因，是一種自然力量的結果。現今哲學家把這種觀點稱為「自然主義者」，他們用自然的理由來解釋事情，不再把事情看作神的律法。泰勒斯被當成是一個「物質主義者」，一種以物質力量和原因來解釋現象的人。（我一直想避免使用「物質主義者」這種形容詞，因為它會讓人聯想到開著休旅車，收集DVD的雅痞。）泰勒斯不但了解日蝕是會重複發生的一種自然現象，他也知道日蝕的特性，因此能預測它的發生。（我們若拿本章開頭所引用的詩句來看，以詩人亞基羅古斯的觀點來和泰勒斯比較，亞基羅古斯直接把日蝕看成宙斯的作為，他提到的可能是西元前六四八年那場日蝕。）

有些歷史學家把泰勒斯的日蝕事件，視為西方科學誕生的日子，這當然有點誇大，但是泰勒斯以及他的希臘研究員所採取的方法，顯然是新的。這是第一次，人類在面對自然界的巨變時，看的不再是表面的混亂，而是它底下的次序。並且他們也努力以邏輯與理性的方法，去尋找這些秩序。在這個渴求知識的新時代，人們問的不只是「何時」「何地」，還會問「怎麼會這樣」及「為什麼」。

概念的誕生

這個新觀點的產生，來自學習與好奇心的劇烈增加，造成這樣的轉變其實有許多原因。希臘人對政治和社會的觀念，使得他們不再滿足於教條式的理念，也不再對權威毫不懷疑地順從，這使得他們開始尊重獨立思考，最後走向人類第一個民主制度。而知識能力的培育更加速了觀念的擴展，地理位置也是一個不可或缺的因素，由於希臘四周環海，希臘城邦一直受到海外物資與觀念的影響，不論是中東文明，或希臘北方和西方的遊牧民族，都影響著希臘的文化。泰勒斯預測日蝕的時候，他的家鄉米利都正處在東地中海的交通樞紐上，東方與西方的觀念在這裡融合，並產生出新觀念。當時人的平均壽命雖然只有三十五歲，但他們至少能期望這是一段輝煌的三十五年。而生命是否輝煌，端看它有沒有悠閒的時間來接受知識的培育和薰陶。（兩千年後，哲學家霍布斯說：「悠閒是哲學之母。」）

在碰上好的觀念時，希臘人也懂得欣賞並加以學習，從這個地區的先住民那裡，他們已經學到很多生活技巧，譬如耕種土地，利用金屬鑄造工具和錢幣，甚至以腓尼基人的字母為基礎，創造拼音文字，他們種植葡萄和橄欖，放牧綿羊以取得羊毛，並且精通製陶工藝。但希臘人並不只是抄襲當地人的文化而已，原有的文化在經過他們的手之後，變成嶄新的東西，反映出希臘人冒險與創新的精神。就像歷史學家高德斯坦所寫的，希臘人「從他們遊牧的祖先那裡繼承了自然的氣度，以及獨立的思考。」或者就像希羅多德所說的，「希臘人已經不再是野蠻人了。因為他們更有文化，更不受那些愚蠢的迷信影響。」不過在看這些敘述的時候，別忘了希羅多德自己也是希臘人。

不過引起希臘文化產生重大突破的那些因素，對同一區域內其他偉大的文明，並沒有發生作用。埃及人的科學就常被認為是一種技術導向的科學，從金字塔的建造，可以證明他們是技術純熟的建築師和工程師，但他們只對可以實際應用的技術有興趣，對基礎學理並不太關注。比較典型的例子是，他們可以從明亮的天狼星升起位置，準確地預測尼羅河的年度氾濫時間。我們或許可以說這是一項科學的突破，但學者們並不同意，他們認為埃及人是出於對農耕和經濟的需求才做這種預測，並不是在探索天文學的知識。

在此同時，巴比倫人也有了複雜的曆法和大量的星圖，他們也會預測日蝕的發生，數學技巧更是無庸置疑的：他們精通算術，了解平方根的意義；對於圓周率（π），也就是圓的周長對直徑的比值，也求出了很好的近似值；他們還知道畢氏定理，至少比這個定理被畢達哥拉斯正式命名早了一千年。但是，和埃及人一樣，巴比倫人在意的也是那些立即可用的知識。

這並不表示其他文明對於希臘文化的成就沒什麼貢獻。事實上，希臘人在自己的著作中也承認，他們從附近的文化中借用了很多素材。他們的數學與天文學知識，絕大部分來自埃及和巴比倫。希臘人把日、夜各分成十二部分的想法，可能就是源自巴比倫人；他們所使用的第一具日晷，也是根據巴比倫人的模型。事實上，有人說泰勒斯對日蝕所做的著名預測，也是利用巴比倫人的天文學知識而來的，儘管歷史學家對這件事目前還有爭論。（更糟糕的是，這段有關日蝕的預測，有可能只是一段傳說。在古代，偉大的事蹟常常自動歸功給活在當時的偉大人物，接著，這類故事就被各種傳說湮沒。到最後，這些故事到底哪些部分是真，哪些部分是假，也無從查考，但這些傳說又美得令人難忘。）

我們雖然常說，這些早期的希臘人是人類最早的科學家，但是他們並沒有放棄他們的宗教信仰，為這些新的自然主義觀念留出空間。事實上，希臘人信仰很多神，在這些新思想出現之後，他們的宗教觀念也確實有一些改變。他們祖先所信仰的，也就是那些出現在荷馬和赫西奧德史詩裡的神，祂們和人類所遭遇的事件有著密切的關係。男人與女人的生活，經常被這些神任性的情緒和意圖所影響；地球上的事件，不論是好壞，經常都是這些神祇反覆無常的結果。每一次洪水，每一場饑荒，每一次暴風雨或每一次豐收，都和這些神有關。

但是經過多年以後，泰勒斯及其追隨者的觀念逐漸散布開來，歷史學家稱這批人為「前蘇格拉底時期哲人」。當這些新的哲學觀念逐漸開花結果之後，人類愈來愈不需要把一些自然界的現象，歸因給我們未知的神。這些早期的思想家「創造了科學與哲學的思想」，歷史學家巴恩斯寫道：

他們認為這個世界是有秩序而且可理解的，其歷史遵從著可以說明的進程，不同的部分則安排在可理解的系統裡。世界不是一小塊一小塊的隨機組合，歷史也不是由某些事件隨意配在一起，更不是一連串由神的意志或任性決定的事件集合而成的。就我們所知，那些前蘇格拉底時期的哲人，並不是無神論者。他們允許自己信仰的神，進入他們美好的新世界……但是他們拿掉這些神祇的某些傳統功能。在自然主義者的觀點中，雷鳴有了一些科學的新解釋，它不再是宙斯威嚇的噪音……對那前蘇格拉底時期的哲人來說，神祇不會介入自然世界。

希臘的這種新觀念，具體表現在logos這個字裡面，這個字雖然是邏輯（logic）這個英語的字源，但它本身並沒有適當的英語翻譯，它含有描述與解釋的雙重意義，有時候代表「敘述」「原則」或「規律」。早期希臘哲學工作的中心就是建立在logos上，當希臘人在探索logos的時候，他們並不只是追求任何一種答案，更是追求他們所能成就的最深遠的終極解答。

泰勒斯：來自米利都的人

大家都認為米利都的泰勒斯（約西元前六三〇～五五〇年）是把希臘帶出知性黑暗的人，但除了知道他曾預測發生在西元前五八五年的那場日蝕之外，我們還知道什麼關於他的事？雖然後來的哲學家說他是古希臘七大賢哲之一，泰勒斯對於自己的思想，並未寫下隻字片語，至少，沒有任何東西流傳下來。在他之後兩百年的亞里斯多德，曾在文章裡提到泰勒斯，說他是「這種哲學的第一位創始者」。所謂的這種哲學，是新的、以物質觀點為主的思想。

根據希羅多德的記載，泰勒斯曾經讓一條河轉向，好讓呂底亞國王帶著軍隊渡河。據說他也是個能幹的政治家，曾經協助地方政府的建立。我們還知道他曾經到埃及旅行，並且利用金字塔的影子長度來計算其高度。（也就是在埃及旅行期間，他可能目睹了西元前六〇三年發生在埃及的那次日蝕，這次日蝕比他在老家鄉看到的日蝕早了十八年。）泰勒斯也是個數學天才，建立了四個幾何學的基本定理。

但是我們今天之所以會記得泰勒斯，主要是因為他很勇敢地提倡自然哲學。其中最有名的是，他說**宇宙是由水組成的**。好幾個世紀以來，學者們還在為他這句話的本意是什麼爭論不休。他的意思是所有的東西都由水構成嗎？歷史學家認為，泰勒斯很可能相信在遠古時代，所有東西的源頭都是來自於水，這種想法可能是來自於他對大自然的日常觀察所影響，他注意到所有生物都需要水的滋養，而且地中海包圍著整個希臘世界，水可以說是無所不在的。事實上，他相信大地漂浮在水面上。另外，他一定也注意到水和其他物質並不一樣，水平常就存在著三種不同的形式，有固體（冰）、液體和氣體（水蒸汽或水氣），而且每一種型態的物理性質都有著很大的差異。不過，泰勒斯的想法並沒有影響很多人。不久之後，一個米利都人阿那克西米尼（約西元前

希臘哲學家泰勒斯，是第一個探討自然世界如何構成的人。

五四〇～四七五年）就提議，所有東西都是由空氣構成的；而以弗斯的赫拉克利特（約西元前五四〇～四五〇年）則說，所有的東西都是由火構成的。

這些早期的思想家，每個人都會問一個相同的問題：這個世界是由什麼構成的？希臘的哲學科學家第一次輕率地提出答案。以現在的觀點來看，我們或許會笑他們的想法和小孩子一樣簡單、幼稚。但如果我們因此輕視他們，那就大錯特錯了。這些早期的思想家，對後人最重要的貢獻，並不是他們提出的簡單結論，而是他們居然敢提出這樣的問題。他們不再滿足於神話式的說明，轉而尋求一種自然主義哲學的解釋，而這正是日後逐漸演變成我們今日所謂「科學」的源頭。就在希臘人開始為我們的自然世界，尋求合乎邏輯的終極物理解釋之後的兩個世紀，一些更大膽的想法出現了。

恩培多克勒提出了他的元素

恩培多克勒（約西元前四九三～四三五年）生於阿克拉加斯，阿克拉加斯是希臘在西西里島上的一個殖民地，位於埃特納火山的山腳下。恩培多克勒是個有名的政治家、演說家，也是個詩人，他甚至還會提供醫療服務。他的著作當中有兩首長詩，或至少是長詩的片段，被留傳了下來。這些留下來的資料裡，在在顯露出他那強大的自我，他甚至一度把自己描述成神：

> 我變成永生的神，到處旅行，不再衰老或死亡。所有的人都榮耀我，為我穿上華服，戴上彩帶與花冠。當我進入一個繁榮的城鎮，男男女女都跑出來歡迎我，並且跟在我後面走……

有個傳說，說他是因為跳進火山口，才得到這種不死的特異功能，或者是他想證明自己真有不死之身，才跳進火山口。當然，他相信輪迴轉世，只把生和死看成是一種幻象。但在他宣布將要跳入埃特納火山口之前，恩培多克勒花了很多時間思索我們的自然世界，試圖解釋為什麼地球是圓的，而海水是鹹的。他甚至認為光線是以有限的速率在傳播，不過這可能只是瞎猜，因為在當時根本不可能進行相關的測量。

我們的討論裡最重要的是，他是第一位提出**元素**概念的人。他認為宇宙裡的所有東西，都是由四種材料構成的：地、水、火和風。他相信就是這四大元素，構成了我們所見的自然世界。

「孩子，有五種基本元素，它們是：地、水、火、風和信託基金。」

透過這些〔元素〕構成了所有的東西，包括了過去、現在和未來的一切事物，例如樹木、男人、女人、鳥類及獸類，以及海裡的一切生物。連最尊貴的，不死的神也是這些元素構成的。元素本身是不會改變的，只是會彼此混合或穿透，形成許多不同的狀態和形式。

恩培多克勒把自己的觀點用畫家來比喻，畫家利用紅、藍和黃三種顏色，依正確的比例可以調配出所有的顏色。他認為，從元素的立場來看，沒有任何東西被創造出來或被消滅。所有東西只是這些基本元素的混合和再混合而已，元素是永恆的。對於控制物體運動的力量，他也提出自己的理論：運動物體受到兩種力量的吸引或排斥，這兩種互相競爭的力量是*philia*（愛）和*neikos*（努力）。

為什麼恩培多克勒認為有四種基本元素，而不是三種、五種，或其他的數目？他又為什麼決定是這些特殊成分？學者們認為他可能是受到自己生活環境的影響，他住在海邊，腳下踩著泥土，上面流動著風，火在太陽、星星和爐子裡，而四周環境都是水。此外，在早期的希臘數學裡，四這個數字有其特殊地位。

恩培多克勒已經把構成物體的這幾**種**物質合理化了，但是，如果你拿最小的尺度去探究物質，真正能**看到**什麼？當時並沒有顯微鏡這類的工具可以回答這個問題，因此希臘人是依靠推理的方式去做有道理的猜測。這個步驟是由兩位活在西元前五世紀下半的思想家完成的，第一位名叫留基柏，他是個神祕人物，我們對他幾乎是一無所知。從他僅存的文稿殘篇裡，我們知道他說過：「沒有什麼事是憑空發生的，每一件事都有其理由和必然性。」第二位是留基柏的追隨者，名叫德謨克利特。

德謨克利特和原子：關於微小事物的重大觀念

德謨克利特（西元前四六〇～三七〇年）來自阿布迪拉，阿布迪拉是希臘半島北端愛琴海沿岸色雷斯區的一個小城市。他可能是留基柏的學生，不過他們之間真正的關係並不確定。他似乎是個多才多藝的年輕人，總共寫了大約五十多本書，範圍遍及物理學、天文學、數學、音樂、文學和倫理學等。這些著作現在已經全部失傳了，但是後人在文獻裡，經常會提到他以及他的成就，這使得他身為早期希臘偉大思想家的地位屹立不搖。

德謨克利特和恩培多克勒一樣，探問有關自然界基礎結構的問題：如果你把一塊木頭切成兩半，然後再切成兩半，再切……這樣一直切割下去，最後會剩下什麼？假設這把刀子很鋒利，你可以永遠切割下去嗎？德謨克利特認為，我們不可能無止境地一直分割下去，到最後一定有個最小的極限是不可能再分割的。這個不能分割的物質基本單位，他稱之為 *atomon*，這個字原義是「不能再分割」的意思。現在，我們則稱它為**原子**，是組成物質的基本結構。其實德謨克利特所謂的切割只是一種幻象，當我們說把一件物體切成兩塊時，我們指的是把刀子插入原子之間的空隙裡，然後把一些原子推向一邊，其他的原子推向另一邊。當最後只剩下一顆原子的時候，這樣的切割就不能再繼續下去了。

對德謨克利特來說，原子是構成一切的基礎。自然界的千變萬化，不管是人或動物的各種行為，都是不同的原子以不同的方式結構起來的結果。他有一句最有名的話（當然是二手資訊），更強化了這樣的理念：「那些傳統的顏色，那些傳統的甜蜜，那些傳統的辛酸，其實都只是原子和空虛而已。」

原子有各種各樣不同的形狀與大小，德謨克利特認為它們是永恆不變的。他甚至提出了原子互相結合的機制：

> 原子有各種各樣不同的形狀、外觀和大小……有些很粗糙，有些外形像鉤子，有些內凹，有些外凸，有些具有想像不到的樣子……有些原子任意地向四面八方彈來彈去，有些則因為形狀位置和安排對稱的關係，結合在一起而保持穩定，這就是原子形成物體的方式。

我們可以把原子想像成大自然的樂高積木，每一塊積木上都有凸出的部分和凹陷的部分，可以扣在一起。原子本身或許很簡單，但是當大量的原子以各種不同的方法互相結合，得到的結果就會無窮無盡、千變萬化，並且可以形成任何形狀和大小的東西。

德謨克利特就像泰勒斯和恩培多克勒，可以說是個物質主義者。他試圖用物質或物理來解釋看到的自然界。他把自然界看成是一連串原因合理作用的結果，而不是諸神的遊樂場，並且熱血地尋找這種原因和結果之間的關係。他曾經表示，比起當上波斯國王，他寧願發現自然界一個新的因果關係。

當然在他們那個年代，科學和宗教之間的界線至少可以說是很模糊的。時至今日，由於探討的問題不同，我們經常聽到這兩個學門各有擅場（雖然，就像我們在第八章會稍微看到的，他們有時還是會有所重疊）。但是回到當時，科學與宗教是沒有清楚定義的。恩培多克勒把希臘神祇放進自己的理論裡，認為就連這些神也是由他所說的四種元素組成。但是，德謨克利特卻讓諸神從他的理論退位，認為他們與原子沒有什麼關係，原子的運作間，並沒有神的意志或設計在內。

想在古希臘的科學和宗教之間，畫出一條界線，可能是沒有意義的。更重要的是，科學與宗教可能是從相同的根源所長出來的，兩條分支各自生長與演化，甚至互相影響。而本書的主題，在於追尋一個簡單而統一的萬有理論，這項追尋和科學與宗教都有很深的淵源。巴羅是英國著名的物理學家，也是劍橋大學的創辦人之一，他就曾經表示，尋求簡化的動機可能比科學本身更加古老，可以追溯到第一個神話與傳說——當我們的祖先聚集在營火邊，分享著故事與想法時，那些會讓他們深深著迷的傳說故事。巴羅說，追尋一個簡單的理論，是自古以來對知識安全感的一種渴望，好讓我們能告訴自己，我們什麼事都知道：

> 如果你去看看早期文化中，那些有關自然和世界的神話與傳說，（你就會看到）他們總是把所有的東西都放進來，去解釋所有的事情。從很多方面來看，這就是第一個萬有理論。他們並不想漏掉什麼，也不想冒險說自己對周遭的世界，還有什麼事情是「不知道」或「無法知道」的。因此，我認為這是一種或許我們可以稱之為宗教的深層意圖——意圖找出一個可以說明我們周遭所有事情的統一理論。

希臘人大膽地從神話上踏出第一步，提出新的方法來思考這個世界。但是早期的科學和宗教與神話共享了某些元素。就像較早期描述世界的方法一樣，科學尋找更簡單、明白而完整的解釋來說明我們的宇宙，這項追尋直到今天都一直持續下去。

前蘇格拉底時期之後

前蘇格拉底時期的哲人，只是這場知性大戲的第一批演員。後來的思想家把希臘的文明，還有希臘的科學，推向更高、更遠的境界。歐幾里德（約西元前三三〇～二六〇年）以一部影響深遠的鉅著——《幾何原理》傳世，這本書使用一系列直接的定理和證明，刊出了幾百則幾何學的問題和它們完整的解答。這本書後來成為正式的幾何學教科書，時間超過兩千年。阿基米德（西元前二八七～二一二年）也是一位偉大的數學家，還是個天才型的發明家和工程師。他發明的「阿基米德螺旋」，直到今天埃及人還用來抽取河水灌溉農作物。據說有一天，他踏進了裝滿水的浴缸裡，發現了浮力原理。當時他興奮地衝到敘拉古街上，大喊「找到了，找到了！」根本忘了自己沒穿衣褲。希臘人精通數學，也許是他們對西方科學最重大的貢獻。歷史學家克羅馬說：「希臘的幾何學和純粹理論的思想，當然是原創且獨一無二的發明，不是從其他文明複製來的，即使其他文明致力於某些數學研究也有數千年光景。」

但是，這並不代表希臘人的每一項貢獻全都是正面的。我們來看看亞里斯多德（西元前三八四～三二二年）的例子，他無疑是個天資聰穎的思想家。事實上，如果問誰是有史以來最偉大的哲學家，很多學者會認為是亞里斯多德，或者他的老師柏拉圖（西元前四二七～三四七年）。亞里斯多德是個毫不懈怠的學者和觀察者，他寫了很多書，內容包含了邏輯學、倫理學、修辭學、政治學、自然歷史和形而上學。在物理科學上，他同樣涉獵豐富，不但研究過大氣、閃電和雷鳴，對地震及礦物學也有心得。不過，以現代的觀點來看，他研究物理學的某些方式有很嚴重的瑕疵。物理學研究的主要是自然現象的**成因**，但是亞里斯多德卻把重點擺在**目的**上。這麼一來，就把物理學導向一條知識的死胡同裡去了。舉個例子來說，如果我們問，為什麼重的東西會掉到地上？對亞里斯多德來說，答案很簡單，因為重物想要到最低的位置，也就是地面去。因此他推論說，重的東西會掉得比輕的物體快。重物的「目的」是要停留在地面上，這是它「最自然」的位置，因此會做得比輕的物體更快。對亞里斯多德所認識的世界而言，這個想法似乎言之成理（在空氣裡，鐵鎚的確掉落得比羽毛快），但是這種思想卻很難形成鼓吹大家去做調查或實驗的世界觀。

希臘哲學家亞里斯多德。雖然他是個天才思想家，但他的哲學卻不鼓勵實驗。

亞里斯多德也慎重地思考宇宙的結構，他把宇宙想像成一層層透明的同心圓球，每個球體上各自攜帶著太陽、月亮、行星以及環繞地球的恆星。（古代的人已經知道五個行星：水星、金星、火星、木星和土星。至於天王星、海王星和冥王星*則是近代才發現的。）由於行星是依附在球體上，因此它們的軌道應該是完美的圓形，從幾何學上來看，圓形也是一種完美的圖形。亞里斯多德說，這些球體是不變的，因此它們的軌道不會改變，只有月亮例外——這個位於地球上空最低的球體有可能改

*冥王星原本被認為是太陽系中的一顆行星，二〇〇六年國際天文聯合會通過決議，正式將冥王星歸類為矮行星，自行星之列中除名。

變。而且只有在這個最內層的領域裡，物質是由傳統的四種元素構成的。再上去，也就是行星和恆星的範圍，則存在另一種不同的物質，也就是第五元素——**精華**。而地球這個不完美又易於損壞的物質，就在這些圓球的中心。

後來埃及天文學家托勒密（西元九〇～一六八年）吸收了亞里斯多德的想法，建構出更完整的宇宙學，這是個包羅萬象的數學模型，用來描述太陽、月亮、恆星和行星的運動。他把這些想法寫成一本大部頭的教科書，書名是《天文學大成》（*Almagest*），Almagest這個字是來自阿拉伯語，本意是「崇高」或「偉大」。《天文學大成》是建立在亞里斯多德**地球為宇宙中心**的基礎上，所形成的宇宙模型，這本偉大的教科書日後成為天文學的經典，長達十四個世紀。

埃及天文學家托勒密，他描述宇宙的教科書《天文學大成》通用了十四個世紀。

希臘人的遺產

要想公正地評斷他們的功績……我們必須承認他們至少是原始的科學家。他們站在古代哲學的門口，也就是所謂的物理學。

朗

古代希臘科學和現代的物理學之間，有什麼直接的關聯？很顯然從某些方面看來，希臘人過去的看法是錯的。現在我們已經知道，原子是可以再分割的；現代化學已經找出上百種的元素，而不是恩培多克勒認定的那四種。我們不久就會看到亞里斯多德和托勒密主張的宇宙論，將面臨全面的挑戰。不過在很多方面，古希臘人也是正確的，物理世界的確可以用那些看不見的組成結構來加以說明，而這些結構的數量是少數的幾種。比較德謨克利特的觀點，「只有原子和虛空，其他什麼都沒有」，再看看量子理論先驅薛丁格的說法，「物質是由粒子組成的，而粒子和粒子之間，有很大的距離，它埋藏於虛空之中。」古希臘人的方法其實是很現代的，就像歷史學家巴恩斯所寫的：「假如把現代科學的精巧結構拿來和古代做比較，古代科學家的嘗試有時看起來很滑稽，但是其實現代科學家和古代科學家，所做的或所想做的事都是一樣的，他們都希望盡可能利用最少的素材，來說明最多的現象。」

我們之所以記得那些古代的希臘科學家，是因為他們用來推論的方式，而不是由於他們得出來的結論，因為這些結論通常是有問題的。藉由這種推論方式，他們把自己對世界的認知誠實地說出來，這是合理的。這是人類第一次開始研究構成自然世界的物質，以及控制世界運行的力量，而且由表面上看起來變化多端、混亂而且無序的現象，設法掌握其底層的原理，即簡單、廣泛、自然的定律。希臘人或許不像今日的物理學家那麼精明，他們所用的方法也有很多限制，但是他們的目標卻是相同的。帶著這種初次成熟的理性質疑，兼具物理學家身分的歷史學家普爾曼寫道：

……科學方法的基本組成要素，隨著下面這些理念開始成形：探索宇宙和本體的動機；相信大自然在千變萬化的外觀之下，隱藏著一定的秩序，可以利用簡單的元素和它們之間的交互作用，來清楚地說明；希望在最好的狀況下，能有個統一的道理來說明自然元素驚人的樣式與無止境的變化；而最重要的，堅信在這個宏偉的宇宙之謎裡，只有理性的元素與要件參與其中。換句話說，沒有任何超自然的成分在內。

希臘人是第一個尋求自然界通則的人，不是求助於諸神，而是檢驗這個世界，尋找隱藏在紛亂表層底下的秩序。他們想找一個可以一次涵蓋所有情況的簡單解釋，簡單地說，他們想找出一個萬有理論。對古希臘人來說，可能不知道T恤是什麼，說戰袍也許還比較合適。我們可以想像泰勒斯誇張的名言，「一切都是水」，或是德謨克利特的金言，「一切都是原子」。下一章我們要介紹的物理學家，追隨著這些早期思想家的腳步繼續探索，不過有時並非馬上就有結果——以原子理論的確定為例，就花了兩千三百年。科學研究的火光並不是永遠明亮的，不過一旦被點燃，就永遠不會熄滅。冒險已經展開。

第二章　新視野
哥白尼的革命

主啊，我的神……是誰為大地立下基礎，要它永遠不能移動。

詩篇一〇四

大地未曾移動，這是很清楚的。因此它一定是在中心，而非其他地方。

亞里斯多德

希臘人的成就非常偉大，可惜並沒有持續下去。西元前第五和第四世紀時，在一些偉大思想家像蘇格拉底、柏拉圖和亞里斯多德等人的努力下，希臘文明達到了高峰。之後希臘城邦就開始四分五裂，在後來的幾個世紀裡，城邦之間連年征戰，北方又有馬其頓人入侵，最後希臘被亞歷山大大帝的軍隊所征服。由於失去政治的穩定性，繁榮盛世結束，沒有繁榮的社會，就不會有空閒，沒有空閒，也就不再有科學的追求了。

因此，我們的故事必須在這裡兜個小圈子，畢竟，當社會上沒有任何人在研究物理科學時，是不會有人追求物理學上的統一理論的。要把希臘科學和現代科學連接在一起，我們必須在支離破碎的道路上摸索，這是一條科學在經過理性質疑的第一次偉大實驗結束後，所陷入的彎曲小路。

在亞歷山大的部隊之後，接著登場的是羅馬帝國。但是羅馬人無法重現希臘時代那種知識份子旺盛的好奇氣氛。羅馬人注重的是律法和歷史，他們也創作出一些偉大的文學作品。此外，他們也精於藝術和建築，但是他們沒有時間從事純粹的科學，尤其是那種幾個世紀以前，希臘人所做的冥想式理論科學。最後在西元第四和第五世紀，野蠻的遊牧民族分別由羅馬的北方和東方強力侵入，羅馬帝國（尤其是西半部）也跟著衰亡了。

但是羅馬帝國有一項元素卻留存了下來，那就是基督教，這是羅馬帝國後期的主要宗教信仰。它為貧苦、受凍、挨餓的歐洲人，提供了愛與希望的訊息。它承諾我們在另外一個世界有救贖，但對**現世**卻並未付出多少關懷。基督教神學家奧古斯丁（西元三五四～四三〇年）說：「我們不需要像希臘人那樣去探索自然界的事物，去研究所謂的『物理』。基督徒只要相信，一切都是出自造物主的善意，也就是我們的真神所創造，這就夠了。」歷史學家高德斯坦寫道，中世紀基督教主宰的歐洲，對大自然的觀察受到「嚴重阻礙」。羅馬帝國殞落之後，整個歐洲籠罩在一股絕望的氛圍之中，倖存下來的人，對於那看不見又不可知的來世，反而充滿信心。都希望儘快結束苦難的今世。依據高德斯坦的說法，地球和天體「不再是值得耗費我們心智的東西。在這個注重來世觀點的中世紀時代，科學觀察並無容身之處。」

但是在以拜占庭為首都的東羅馬帝國，情況就大不相同了。希臘的語言、文字還是通用的，而那些希臘文稿也被完整地保存下來。西元第七世紀和第八世紀，在說阿拉伯語的回教徒席捲了這個區域之後，他們從自己占領的地區，吸收了希臘人留下來的知識。回教徒很快就控制了大部分的地中海盆地，包含了西西里、西班牙和整個中東地區。

大約有五百年，阿拉伯人成為全世界科學知識的監護人。他們不但保存了希臘人的觀念，還加上自己的發明與發現。他們興建了大學、圖書館和醫院，也建造了宏偉的天文觀測所，還利用觀象儀和四分儀，把主要的天體畫出圖來。他們把數百個恆星分類，並且為數十個亮星命名，這些名字也都流傳下來，如奧迪巴倫（金牛座的雙星）、丹尼伯（天津四）、雷格（參宿七）及貝特求斯（參宿四）。他們研究航海術，發明了磁羅盤。阿拉伯人還從印度借來數字，發展出我們至今仍然沿用的計算系統，也就是所謂的「阿拉伯數字」。這個系統採用了一種與位置有關的價值體系。在這個體系裡，「1」

「霍巴特，這是梅林，我的科學顧問。」

可以代表十、百或千，完全取決於它在什麼位置，後面放多少個零而定。（零也是印度的發明，被借過來的。如果你不相信這件事對科學的發展有多麼重要，只要把一連串數字用羅馬數字來表示，做做加法就會明白了。）另外，令全世界的學生扼腕長嘆的代數和三角函數，也是阿拉伯人發明的。而更重要的是，他們把無數的希臘文資料，翻譯並且保存下來了。在西歐進入中世紀黑暗時期之際，阿拉伯世界保存了包括科學在內的學習薪火，使它繼續燃燒下去。

這些智慧的寶藏就這樣散落在歐洲各地，好幾個世紀過去之後，在西西里和西班牙的城鎮被人發掘出來，這些地方不同的文化和語言經常交流，生活習俗也互相碰撞。當基督徒從回教徒手中收復了這些地區，便繼承了這批綿延十五個世紀之久的知識寶庫。那些原先用希臘文寫的觀念，被翻成阿拉伯文並加以增添之後，現在又再次被翻譯成拉丁文，也就是基督教的歐洲通用語文。在一些西班牙城市，如托雷多和哥多華等商業活動忙碌的貿易地區，阿拉伯、猶太和基督教的商人絡繹不絕。商業活絡的背後，精通多種語言的學者一本接著一本勤奮地抄錄文獻——這些用希臘文寫的東西，已經留傳了千年以上，現在又加上阿拉伯人和印度人的觀念。他們的工作激起了改變世界的學習浪潮大爆發。

黑暗時期也沒有那麼黑暗

在詳細研讀《聖經》之後，如果一個事件的描述並沒有很自然的解釋，那我們也只能把它歸因於奇蹟。

聖維克托的安德魯，十二世紀

這股學習的浪潮是由當時出現在全歐洲的修道院與教會學校開始的，這些學習場所的創辦人，絕大部分是聖方濟會（創立於一二〇九年）被稱為「灰袍教士」的神職人員，或是聖道明會（創立於一二一五年）被稱為「黑袍教士」的神職人員。由於當時基督教已經成為主宰歐洲文化的力量，那些信仰中心自然而然就變成學術中心。中世紀後期，教會甚至欣然接受當時稱為**自然哲學**的科學。（「科學」這個名詞一直要到十九世紀才被廣泛使用，在這本書裡是指利用科學方法來研究自然現象。）在發生了所謂的伽利略事件之後（下一章我們將特別介紹伽利略），我們普遍認為教會對科學一直有相當的敵意，但其實兩者之間的關係還算合諧。事實上，宗教領袖常常需要借助天文學的幫忙。以基督教曆法上最重要的一個節日復活節為例，日期就只能依靠仔細觀察天象來決定。

那些能夠閱讀、書寫和教授知識的人，並不只局限於修道院裡，十一和十二世紀歐洲陸續開始設立大學：波隆那在一〇八八年，巴黎大約是一一二〇年，牛津大約是一一七五年。到了一四〇〇年，幾乎每個歐洲國家都有一所大學。中世紀的大學並不是知識異議份子的溫床，大學教授並不被期待表現出創造力或原創性，他們只是用來挑選、保存並傳授傳統知識。以自然哲學為例，就是傳授亞里斯多德及其追隨者的想法，其中也包括托勒密。

正如我們在前一章裡提到的，托勒密根據亞里斯多德以地球為中心的想法，建立了他的宇宙模型，認為不同的天體附著在多個透明的球體上，繞著球體的共同中心地球旋轉。這個宇宙模型的問題，並不是亞里斯多德和托勒密忽略了對天空的觀察，事實上，他們的目標是建立一個宇宙模型，讓天文學家能夠準確地預測出天體未來的位置。以觀測天體表面運行得來的知識，打造出的這個透明同心球，其實可以算是個合理的模型，所描述的宇宙也能自圓其說，並且合乎邏輯——不過實在是太僵化了。他們並沒有真正觀察行星的運動軌道是否真的是正圓形，只是先假設軌道是完美的圓形，再把觀察到的數據勉強地硬湊上去，以符合理論而已。一個固定的地球，配上完美的天球，實在是太具體了，具體到無法提出任何質疑，因此也沒有任何修正或改善的空間，這個模型就這樣維持了千年之久。

基督教逐漸地

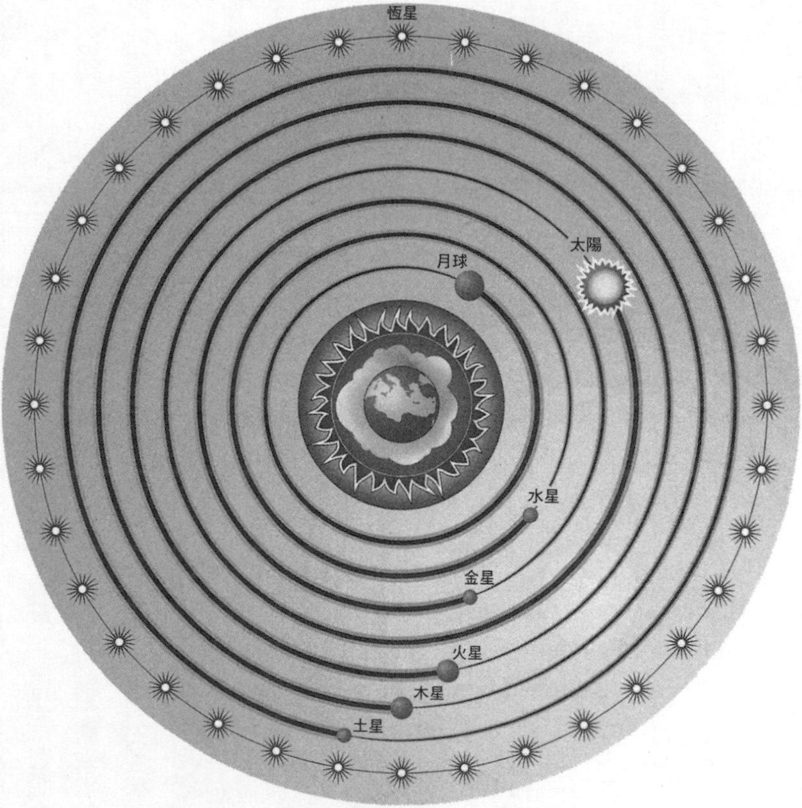

托勒密的宇宙系統：地球位於中心，太陽、月亮、行星和恆星則圍繞著地球旋轉。整個中世紀都接受這種「地球中心論」。

吸收了亞里斯多德和柏拉圖的宇宙觀，原因不難了解。這個理論相當符合一般常識。在一般的觀察者眼裡，我們腳下的大地本來就是堅實而不動的，恆星和行星看起來也似乎真的繞著地球打轉。其次，這套理論也符合《聖經》的說法（以我們前面引述的詩篇一〇四節為例）。《聖經》上還有另一段很有名的故事，那就是約書亞曾命令太陽（而不是地球）在天空中立正，以延長白天日照的時間，讓以色列人把戰爭打完再下山。

中世紀歐洲處處都是教條戒律，一般人早就學會不亂問問題，即便如此，這段時間卻仍稱不上是知識的荒漠。十三世紀就有一批學者提出了很高明的科學現代觀點。馬格納斯（約一二〇六～一二八〇年）是德國的自然主義學者，也是近千年來第一位仔細研究昆蟲、鳥類和哺乳動物的人，他說自然是要眼見為憑的，不是光從書上讀讀就好的。他的學生神學家阿奎納（一二二七～一二七四年）在追求真理的過程中，認為理性和天啟應該有公平的立足點。在英國，格羅斯泰斯特（約一一七五～一二五三年）、培根（約一二二〇～一二九二年）以及佩坎（卒於一二九二年）研究光線和光學，並且強調實驗的價值。還有英國聖維克托的安德魯（十二世紀末），他強調對事情的合理質疑，比將自然現象盲目地歸因於神更為重要。最有名的則是奧坎（約一二八五～一三四八年），也就是我們在引言裡介紹過的人，他是聖方濟會的修士，分別在牛津和巴黎大學任教。奧坎指出，比較兩個不同的理論時，那些對已知之事做較少的假設的，是比較好的解釋。（用他自己的話來說，就是「若無必要，勿增實體。」）這項論點，現在稱為「奧坎剃刀」，直到今天科學家仍然遵循不疑。

科學終於慢慢地從中世紀哲學的陰影中浮現出來，尤其是天文學這個領域對中世紀歐洲的世界觀點，做出了最後一擊。現代科學，特別是現代物理學，要等到亞里斯多德的透明天球完全粉碎之後，才看得到一絲曙光。

哥白尼：粉碎天球

當他們發現我寫的這本書的內容時，有些人一定會大聲喝斥，要我閉嘴。因為我對宇宙的天球有革命性異議：我認為地球不是宇宙的中心，而是在移動的。

哥白尼

哥白尼（一四七三～一五四三年）活在一個空前的時代，當時人類在地球上到處探險，並且在地理上有許多新的發現。他十九歲的時候，哥倫布到達美洲發現了新大陸；他二十六歲那年，達伽馬繞過非洲南端的好望角，航行進入印度洋。這也是個充滿新觀念的時代，同時多虧印刷術的發明，使得書籍成本大幅降低，因此歐洲各地到處都看得到書。以前亞里斯多德這些前輩哲學家的文獻，都是靠人力一本一本抄寫的，不但稀少而且昂貴。現在，這些文獻可以藉著印刷術大量生產，根據一項估計，到了西元一五〇〇年，總共出版了超過三萬五千種主題、六百萬到九百萬冊的書籍。

哥白尼出生在波蘭的城市托倫，他曾經在克拉科夫、波隆那和帕多瓦學習，最後回到家鄉。此時，他已經學到所有托勒密天文學的內容，成了弗龍堡大教堂的教士。他愈了解托勒密的模型，就愈覺得不滿意。首先，這個以地球為中心的太陽系，行星運動的路線與實際觀察不符，問題主要可以歸納成下面三項：
‧如果行星的軌道是圓形的，為什麼火星、土星和木星，有時會在天空的軌道上倒退？
‧為什麼行星在軌道上的運動速度，有時會加速，有時候又會慢下來？
‧如果行星的軌道都是圓形的，它們和地球之間的距離應該會保持固定不變，為什麼它們的亮度在一年的時間裡變化這麼大？尤其是金星和火星。

為了解釋這些觀察到的現象，以地球為中心的托勒密模型必須做出大幅的修正，因此，行星不再是以簡單的圓形繞地球旋轉，而是各自在一個或多個更小的圓上運行。這種更小的圓也有個特殊的名詞叫做**本輪**，在托勒密的系統裡，需要許多這種本輪才足以解釋。對哥白尼來說，這種混雜著大大小小本輪的軌道，根本是一種粗糙的大雜燴，他說支持這種系統的天文學家，就好像「把不同來源的頭、手、腳和軀幹，任意拼湊在一起。這些部分單獨來看，可能沒有什麼問題，但是它們彼此並不適合構成一個人。它們彼此之間，並沒有血緣關係，這種由不同部分任意組合而成的東西，會是個怪物，而不是人。」

哥白尼自己提出了一個簡單的答案：也許太陽系的中心點是太陽，而不是地球。古希臘就有少數幾個天文學家認為太陽才是中心，早在哥白尼時代的一千八百年前，薩摩斯的阿利斯塔克斯（約西元前三一〇～二三〇年）就是

哥白尼。他的書首次發行，就公開挑戰托勒密以地球為中心的觀點。

持這種看法。但是，因為沒有人繼續研究這種理論的細節，這個看法後來就被放棄了。不過哥白尼知道，以太陽為中心的系統，能解決許多困擾托勒密模型的問題。若以地球移動的觀點來看，行星的亮度及速度變化，忽然就變得有意義了。就連天文學家的**逆行運動**，也就是行星偶爾的「倒退」運行，也是以太陽為中心的自然結果。當運動速度較快的地球，超過運動較慢的行星時（如火星、木星和土星），在背景群星的襯托下，這些行星看起來就像是在往後退。

當然，也有人反對哥白尼模型，而他們反對的理由大都是出於「常識」。如果地球真的在移動，當我們向上拋擲物品時，它應該不會掉回原處，但為什麼它還是會掉回原來的地方？另外，鳥兒為什麼不會被掠過，遠遠被拋在地球運動的方向之後？事實上，亞里斯多德本人，也曾用這些理由，來嘲笑地球移動的想法。（同樣的理由，剛好也可以拿來反對地球自轉的想法。因為當它圍繞著太陽前進時，自己同時也在自轉。）但是哥白尼對這些質疑，已經預備好答案了：地球在運動的時候，不管是自轉還是公轉，一定帶著那層包圍著地球的大氣層，因此上述問題的這些運動看不出來。（對這些問題的完整版解釋，需要用到**慣性**的概念，也就是動者恆動，靜者恆靜。這個慣性的概念，一直要到克卜勒和伽利略之後才出現，而且將是牛頓力學的基礎之一。）

當然，還有其他的反對意見：如果地球是繞著太陽旋轉，那麼在一年的繞日過程中，恆星的位置應該會改變，以天文學術語來說，恆星應該會出現**視差**。（我們用一個比喻來說，想像你在樹林裡行走，當你移動的時候，比較靠近你的樹林，在較遠樹木的襯托之下，位置會有相對的改變。）但我們在恆星的位置上，看不到這種改變。而且，如果地球的軌道很大的話，它在一年之中的某些時候，一定會比較接近某些恆星，因此，恆星的亮度應該會隨著季節而改變。對於這些問題，哥白尼的推論是，和我們的太陽系比起來，這些恆星離我們一定遠得多。

這種認為宇宙很大，甚至可能是無限大的觀點，完全背離中世紀的一般看法，當時的人認為天堂是離我們很近的，只比最高的山峰稍微高一點點而已。當然，那些曾經實際度量天體運動的天文學家，知道宇宙是很大的，但是並沒有大到無法想像。而現在恆星的位置和亮度所顯示出來的距離，卻直接挑戰了他們的想像力。但是對哥白尼來說，這個新的、大型的宇宙，以及它所代表的、更合理的宇宙圖像，比起托勒密那一大堆本輪更容易接受。他寫道：「我認為這個『超大的宇宙』，比起那些令人心煩意亂的天球，和不知道有多少的本輪，更容易接受。而那些一定要把地球放在中心，強迫它不能動的人，想法實在很奇怪。」

關於哥白尼的革命，後來出現了幾個傳說。其中的一個是，他提出的太陽中心系統，一次就把天文學上所有的問題解決掉了。但事實並非如此，若想要精密地符合我們對於太陽、月亮和行星的觀察數據，哥白尼的系統還是需要本輪的輔助。而且用哥白尼模型來計算行星位置，比起托勒密模型要來得更麻煩。這是因為哥白尼的理論裡面有個嚴重的錯誤：像古人一樣，他也認為圓形及球體是完美的具體表現，因此他假設行星的軌道是圓的。這項錯誤一直要等到七十年後，克卜勒才推算出行星軌道的實際形狀。

另外一項傳說是，宗教領袖反對哥白尼的太陽中心系統，因為它剝奪了人類在宇宙中的「特殊地位」。其實根據亞里斯多德的系統，宇宙的中心其實是保留給地獄的，這當然並不讓人覺得比較好。相較之下，移動的地球雖然也令人不愉快，可是若是把哥白尼的模型當成一種「數學工具」（是一種協助計算的理論設計），情況就好多了，因此，反對的人並不多。比較大的阻力是來自哥白尼模型所提出的那個非常廣大，甚至可能是無限大的宇宙。（在十六世紀，有人估計，哥白尼的宇宙可能比托勒密描述的系統，大上四十萬倍。）哈佛大學的天文兼歷史學家金格瑞契說，「教徒不得不接受這個新觀念。他們必須讓自己接受地球會移動，接受一個大很多的宇宙，天堂不再像他們以前所想的那麼巧妙地被安排在行星之外而已，而是要遠得多。以個人觀點來說，要適應本來在《聖經》裡描述得好好的宇宙，忽然變得浩翰無邊，實在是非常困難。」

對於自己理論的發表受到許多阻撓，哥白尼一點都不覺得意外。直到他很老的時候，他的《天體運行論》才被允許印刷成書。在他臨終之際，才有一本印好的書送到他面前。不過，哥白尼並不知道，他的書被人加上一段基本上是在否定他的想法的前言，指出這個以太陽為中心的系統，只是一個純理論的模型。

但是哥白尼心裡很清楚，自己的模型絕對不只是個抽象的系統。看著它表現出來的優美與平衡，他在書裡寫道：「我們發現在這種有秩序的安排之下，宇宙呈現出一種美妙的對稱，而且在行星的移動與軌道的大小之間，有著穩固的合諧……。」太陽中心模型純粹優雅的**觀念**（不是它的細節），已足以說服哥白尼，這才是對大自然的真實敘述。

第谷：偉大的觀察家

下一位挑戰中世紀宇宙論的，是丹麥的第谷（一五四六～一六〇一年），他是文藝復興時期在天文學上最不凡的英雄。第谷對科學的貢獻，常被他個人特殊的生活事蹟所掩蓋，其中最戲劇化的可能是他鼻子的故事。第谷在二十歲當學生的時候，曾和一位同學決鬥。對手的劍從他鼻梁上畫過，削掉他一大塊鼻子，因此，他終身戴著一個金屬製的假鼻子，掩飾難看的刀傷。每次他從隨身攜帶的瓶子，拿出藥膏來塗抹傷口的時候，他的對手總是在暗中嘲笑他。他的對手烏爾索斯曾經笑他說，他可以從鼻子上的三個洞看出去，難怪能看到那麼多星星。但是第谷可不是一個會讓自己的身體殘疾阻擋企圖心的人，他很快就成了歐洲最偉大的天文學家。

在哥白尼出版了革命性著作的三年後，第谷出生於丹麥的斯堪尼亞省（現在屬於瑞典的南部），和伽利略一樣，歷史上大家記得的，也是第谷的名字而不是姓。第谷年輕的時候，曾經親眼目睹了一連串照亮夜空的奇妙天文事件。第一件是發生在一五六〇年的日蝕，第谷當時是個天真的青少年，對於天文學家能夠在幾個月甚至幾年前就預測到日蝕的發生，他感到很驚奇。後來，他在德國讀書的時候，又親眼見到木星和土星的漸近（天文學家稱這種現象為**合**），這種機會大約每二十年才會碰上。但是，第谷注意到不管是根據托勒密或是哥白尼的系統所出版的天文資料表，都非常不準確，這次對於兩顆行星最接近的時間點預測就差了好幾天。忽然之間，第谷知道自己想做的是什麼事了，他要利用畢生的時間對天體做出最準確的觀測。

不過，還有一個更壯觀的天文學奇景，點亮了一五七二年十一月的夜空。當時有一顆非常明亮的星星，突然出現在仙后座上。（現在我們稱這種星星為**超新星**，這是質量很大的恆星耗盡核子燃料後發生的大爆炸。）第谷在他的著作《新星》裡記載了這個事件：

我注意到就在我的頭頂上，出現了一顆新的、不尋常的星星，它比其他所有的星星更明亮。我從小就開始注意天上所有的星星……因此，我相當確信在天空的這個位置上，本來是沒有星星的，連個小星星都沒有。更不要說這麼明亮、耀眼的星星了。

但是當時所有的宇宙論，是不允許任何天體的改變的，任何新出現的天體，無論是彗星或第谷看到的新星，都被認為是一種大氣層裡的現象，位置在月亮的軌道之下。如果這顆新星這麼接近地球的話，第谷推論，應該會產生視差。也就是說，在其他星星的背景襯托之下，當地球轉動時，它在夜間的相對位置應該會改變。但是這顆新星並沒有出現可識別的視差。他寫道：「我認為，這顆新星並不是某種彗星或燃燒的隕石，而是一顆獨自閃爍於天空中的星星，也是前所未見的新星，打從有世界以來，從來沒出現過的。」

第谷對這顆新星的觀察，確實給了當時所謂的宇宙秩序粉碎性的一擊。對那些忠於亞里斯多德和托勒密宇宙系統的人，或許可以把哥白尼的太陽系模型，解釋成只是便於數學計算的理論模型。但是對於第谷觀察到的超新星，在整個歐洲大陸的夜空閃閃發光，實在無法視而不見。因此，所謂不變的宇宙被證實根本只是個謊言。

這項觀察還造成了一個重要的影響：第谷出名了。他的盛名之大，使得丹麥國王腓特烈二世決定在一五七六年，送給他一份豐厚的大禮——一座位於今天丹麥和瑞典之間的海峽中的小島。讓第谷可以在這個小島上，盡情地追逐夢想，測量並記錄天體。國王寫說：「如果你願意在島上安頓下來，我就把它送給你當做采邑。你可以在島上面平靜生活，並做任何你有興趣的研究，不受干擾……我偶爾會到島上去看看你在天文學和化學上的研究成果，並且很樂意支持你的工作。」這是一項第谷無法拒絕的禮物。

一五七六年起，第谷就搬到這座叫做文島的小島上，這座島也變成歐洲最有名的天文學習中心。幾個月內，第谷和他的助手們就開始詳細觀測天體，包括太陽、月亮、行星、彗星和恆星。他們發明了一些天文學上的新工具，並製作星圖，還利用自己的印刷設備將他們的成果與全世界分享。歐洲各地的學子紛紛湧向第谷在島上的實驗室——「烏拉尼堡」（天堂城堡），尋求和這位著名的觀測家一起工作的機會。

第谷在文島住了二十一年，後來發生了一連串個人和政治上的困擾，迫使他離開丹麥。一五九九年在魯道夫二世皇帝的庇護之下，他來到布拉格接受一項職位。雖然他對天文學還是有很強烈的興趣，但研究工作卻不得不鬆懈下來。他提出了一個新的太陽系模型，這個模型是介於托勒密和哥白尼模型之間的一個混合系統，在第谷的模型裡，各個行星繞著太陽旋轉，但是太陽和月亮卻是繞著地球旋轉。基於地球是靜止的這個常識，加上恆星又沒有視差，以及自古以來都不認為地球是移動著的古老觀念，使第谷無法接受哥白尼以太陽為中心的大型宇宙模型。

就在這個時候，第谷聽說德國有位年輕科學家，叫做克卜勒，他在數學及天文學上頗負盛名。由於對克卜勒同事的技術印象深刻，第谷決定邀請克卜勒到布拉格來一起工作，只可惜後來第谷只活了一年，兩人之間合作的時間非常短暫。

第谷死亡的悲慘故事就像他的鼻子一樣，也非常戲劇化，因此常常掩蓋他在科學上的貢獻。一六

○一年秋天，第谷受邀參加一場晚宴，宴會的主人是布拉格最重要的一位貴族。宴會進行到一半時，第谷意識到必須去上廁所，但是他怕中途離席對主人失禮，於是決定先忍耐一下。克卜勒在第谷記事本的最後一頁上，記錄了當時發生的事：「第谷坐在位子上憋住尿意，時間比平常久了些。即使他比平常多喝了點酒，也感受到來自膀胱的壓力，但他不想失禮，決定不管身體的不適，稍微冒一下險。」等到宴會結束，一切都太遲了。因為憋尿引起的併發症，第谷十一天之後就死了。

克卜勒：天體的合諧

在布拉格附近一座小山丘上，有個中世紀的城堡可以俯瞰布拉格。城堡裡有兩個比真人大的青銅雕像，左邊那位是第谷，他手裡握著一具大型的六分儀；克卜勒站在他旁邊，手裡拿著捲軸或羊皮紙，上面當然是一些深奧的計算。（很奇怪的，雕刻家所完成的雕像中，凝視著天空的人物，居然是理論學家克卜勒而不是第谷。）這件雕刻作品中，其實有一件事沒有表現出來，就是他們兩人之間的關係其實很緊張，並不像表面那麼合諧。第谷是個有錢的丹麥人，胖嘟嘟的，有些傲慢，穿著很華麗的衣服，還裝著金屬鼻子；克卜勒比較瘦弱，有點退縮，是帶著神祕感的德國人。事實上，克卜勒和第谷在科學史上，算是很奇怪的一對伙伴。

克卜勒（一五七一～一六三○年）先後曾在德國和義大利的大學讀過書，最後才回到家鄉，在杜賓根大學的神學院任教。除了神學之外，克卜勒還研究哲學、數學和天文學。很幸運的，當時德國最傑出的天文學家馬斯特林也是他的老師。在公開場合，馬斯特林教的是既有的托勒密派的天文學，但私底下他卻灌輸克卜勒不同的觀念，說他很欣賞並欽佩哥白尼的系統。

克卜勒本來想成為馬丁路德教派的神職人員，因此當他奉派到格拉茨的一所省立高中去任教時，剛開始他有點不高興，因為他並不想中斷神學的研究。但當他沉浸在天文學和數學的世界之後，他的心意卻慢慢改變了。在寫給恩師馬斯特林的信中他提到：「我本來打算成為一個神學家，長久以來也為此努力不懈，但是現在我發現透過在天文學上的努力，也能榮耀神。」

位於布拉格的雕像，左邊是丹麥天文學家第谷，右邊則是德國數學家克卜勒。

我們都只記得克卜勒是個科學家，但是大家不要忘記，在他那個年代，科學、偽科學和一些魔術，全都混雜在一起。克卜勒對某些具有特別性質的數字相當著迷，而且花了無數的時間發展一個具有數學美感的天體模型。他曾經深受數學與音樂之間的平行關係感動，很想把天體的位置和運動，也轉化成像樂句一樣的律動，他希望太陽系的模型除了能夠感動大家的眼睛之外，也能感動大家的耳朵和心靈。克卜勒特別偏愛幾何學上的五個「正多面體」，即正四面體、正六面體（正立方體）、正八面體、正十二面體與正二十面體（如五十八頁圖示），這些東西也是克卜勒部分靈感的來源。他曾經懷疑，當時人類已經知道的五個行星，其軌道是否和這五種完美的幾何圖形之間，有什麼關係，當然這一部分他是錯了。但是，我們很快就會看到，他在數學上的努力並不是白費的。這部分對他最後的創見，有非常大的功勞。

克卜勒的科學著作中涵蓋多方面的思索，包括形而上的、歷史的與宗教的。歷史學家柯恩曾經說：「我們從他寫的大量著作中，可以知道他的思考和科學有多麼不科學。」克卜勒也是個能夠排命盤的占星家，常常替那些德國貴族用占星術算命。但是，他本人是否真的相信天上這些星星的排列會影響我們的命運？這一點頗值得懷疑。因為他曾提過：「天文學像是一位令人尊敬而理性的女士，占星學則像是她的笨女兒。」

中世紀迷信其實還是相當盛行，我們由克卜勒母親的不幸遭遇就可以看出這一點。當時有謠言說她在家中廚房調製令人迷失心智的藥酒，城市管理當局因此就用女巫的罪名逮捕她。克卜勒寫了無數的信來護衛她的清白，但是都沒什麼效果，一六二〇年她還是被監禁起來。克卜勒最後離開自己的家庭，回去和母親會合，留在她身邊約有一年之久。可能因為這樣，才使他母親免於受到酷刑的折磨以及被處死的命運。由於她寧願曲膝為自己的清白辯護，也不願意招認自己並沒有犯的罪，最後她還是獲得釋放。

不過，我們現在記得克卜勒，是由於他和第谷所謂「合作」的成果。他曾經對老師馬斯特林抱怨，說第谷的「性情很不穩定」，不過他也承認這個

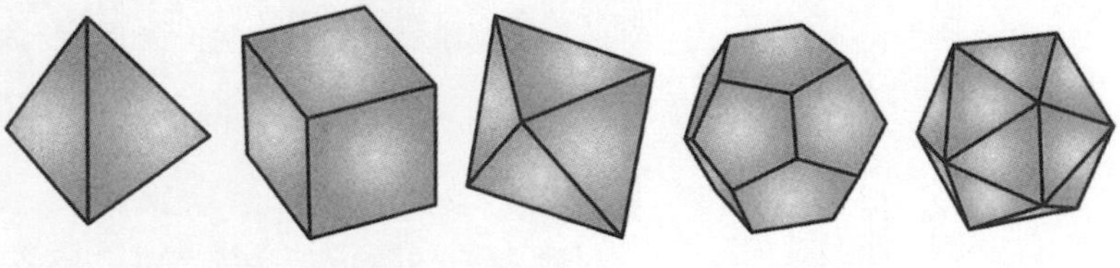

幾何學上的五個「正多面體」，是克卜勒的靈感來源。

丹麥人是個「和藹良善的人」。他在給太太的短信中倒是顯得很認命：「上帝把我和第谷連在一起，這是無法改變的命運。」

我們知道他們兩人對於太陽系的結構，看法並不一致：克卜勒是哥白尼的忠實信徒，而第谷到死都不接受太陽為中心的看法。雖然克卜勒是個傑出的理論學家，但他天文觀測的技巧並不怎麼樣，這是第谷的專長。事實上，當第谷一個人在文島上的期間，已經蒐集到克卜勒需要的所有數據了，但是這位頑固的丹麥人卻不肯把他的數據交出來。據說甚至在臨終之際，第谷還懇求克卜勒，不要利用他蒐集來的數據，去支持哥白尼的系統。第谷死後，克卜勒還被迫去和第谷的繼承人協商，好讓他可以接觸這些天文數據。

最後，他終於得到自己需要的資料，克卜勒運用自己的數學知識，從第谷對行星的觀測數據中，去尋找一些隱藏在其中的模式，他想找找看其中有沒有很簡單的規則。最後，他終於找到這個簡單的規律：他發現行星的軌道並不是大家期待的圓形，而是個橢圓形（也就是扁扁的圓）。用克卜勒的橢圓來代替哥白尼的正圓之後，一切都豁然開朗，再也不需要那些累贅的本輪了。

克卜勒不久就發現另外兩條與行星運動有關的定律：一個是關於行星在軌道上的位置，與它繞行速度之間的關係；另一個是行星繞行軌道的周期（就是繞完一圈需要多少時間），和它與太陽之間平均距離的關係。這是一項數學的傑作。難怪哲學家康德說克卜勒是「有史以來最敏銳的思想家。」或者像愛因斯坦在三個世紀後所寫的：「要靠多麼可觀的創造力，以及持續不斷的毅力和努力，才能發現這些定律，並且建立它的可信度和精確度……這是任何人都難以估算出來的。」

克卜勒並未回答所有的問題，舉個例子來說，他認為使行星繞著太陽轉動的作用力是**磁力**，也

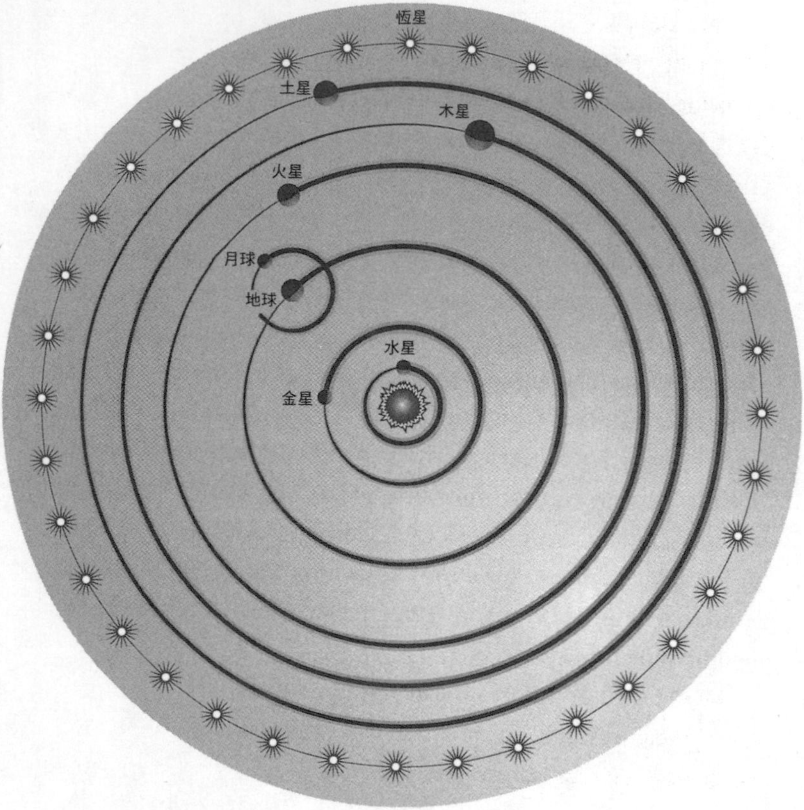

哥白尼／克卜勒的宇宙模型。現在，除了月球繞著地球旋轉之外，所有的行星包括地球都圍繞著太陽旋轉。這些軌道其實是橢圓形，只是在這樣的比例之下，看起來像圓形。（軌道的大小並沒有依照實際比例。）

就是使羅盤指針向北偏轉的力。（我們在稍後會看到，牛頓改正了這項錯誤，並且把行星的運動歸因於**重力**，也就是控制物體往下掉落的力。但是我們要記得在克卜勒的那個時代，人類對這兩種力都還不夠了解。）不過他發現的橢圓形軌道是一項重大突破。克卜勒為模型的簡單和優美深深著迷，他知道以太陽為中心的系統，絕對不只是數學上的模型而已。他非常確定，這是天體的真實描述。他曾寫說：「其他人可以採取任何他們喜歡的態度。〔但是〕我把它當成是我的責任和特殊的任務，必須在世人面前把它定義出來……我竭智盡慮地仔細思考，知道它是真實的情況。對於這個系統的優美，我感到無比的喜悅。」

克卜勒在一六三〇年去世，正好碰上歐洲被三十年戰爭蹂躪。他的墳墓也被戰爭完全破壞，沒有留下任何痕跡。但是他的名字卻跟著他所發現的行星運動三大定律，以及對哥白尼系統的改良而留傳下來。感謝克卜勒，太陽系從此不再是什麼神祕不可知的領域了。

就像古代的希臘哲學家，哥白尼和克卜勒試圖尋出對自然世界最簡單的描述，而且特別把焦點放在星空中，他們也被某些觀念的簡潔和優美深深吸引。對哥白尼來說，吸引他的是以太陽為系統中心的這個想法；對克卜勒來說，則是這個觀念透過數學加以表達之後的結果，尤其當他發現了橢圓形軌道之後，整個模型呈現出的美感。此外，克卜勒更值得我們推崇的是，直到現在我們碰到的所有觀念中，這是第一個還被公認為本質上「正確」的觀念。當然，它還是經過了一些微小的補強——不久後我們將會聽到愛因斯坦的貢獻，不過**那**可能也不是最後的結果。（事實上，就如我們將在最後一章說明的，科學理論會一直被爭論、修正，**永遠不會**是最後的。）但是從很多方面來看，克卜勒的定律算是相對確定的，這也是為什麼直到今天，這些觀念還在大學課堂上傳授給學生。

我們不必猜測哥白尼和克卜勒會在T恤上寫些什麼，因為在博物館的禮品店裡就買得到。那將會是大家都很熟悉的太陽系，太陽位於正中心，它的行星家族成員，包括藍綠色的地球，各自循著軌道圍繞著它。（由於第谷拒絕接受太陽為中心的系統，我猜他大概不肯穿這種圖案的衣服，但我倒是可以想像他在店裡賣東西的情景。「你要太陽系模型圖案的衣服？有的，就在那排架子後面。」接著他可能會對顧客說：「如果沒有我的觀測數據，他們是不可能把這個系統弄清楚的。」）如果是克卜勒的紀念T恤，我們可能還想把他的三個行星運動定律也印上去——或許可以印在背面。

當然，我們在這一章裡面看到的演變，基本上是我們對宇宙**認知**的演變。雖然數學公式可以支持這些看法，但是在這個階段，一張圖的價值往往勝過千言萬語。經過千年的沉寂，科學，以及對最簡單描述的追尋，又重回軌道了。

第三章　天體與地球

伽利略、牛頓與現代科學的誕生

噢，望遠鏡，眾多知識的儀器，比任何王位都更珍貴！

克卜勒

何瑞修，宇宙間無奇不有，超乎你的哲學想像之外。

莎士比亞，《哈姆雷特》

在十六世紀的最後十年和十七世紀的前幾年，整個歐洲社會和文化產生了重大變革。在這段時間裡，無論是科學、藝術和文學，都爆發出驚人的創造力。當莎士比亞的戲劇和詩豐富了英國的語言，伊莉莎白一世時期的劇場也蓬勃地發展起來，而詹姆斯國王統治期間，甚至重新翻譯了《聖經》。塞萬提斯的小說《唐吉訶德》，創造出一種全新的文學形式。葛雷柯開始畫出引人注目的風景畫，而卡拉瓦喬和魯本斯則為油畫帶入了一種活躍的新風格。

科學界也歷經了劇烈變化。哈維發現了身體的血液循環系統，對醫學產生了革命性的影響，麥卡托則剛完成了他那內容豐富的《地圖集》。數學也進入了一個新時代：對數發明了，十進位表示法也開始普遍流傳於世界各地。以「我思，故我在」聞名於世的偉大哲學家——笛卡兒，同時也是個非凡的數學家，他很快就建立了代數和幾何學的新基礎。而超越這些非凡成就的，則是義大利的數學兼天文學家——伽利略。

這個時期正好落在我們現代所謂**科學革命**的中間，科學革命是指一系列科學發現的延伸，大約是從哥白尼到牛頓這段期間。這個名詞是二十世紀的歷史學家敲定的，但是確切日期還有很多爭議。不過，這些發現的影響卻是無庸置疑的：根據經驗科學與數學的推演，這些發現建立起一個全新、理性的世界觀，這是全世界前所未有的新觀念浪潮。

但是新觀念經常會碰到阻力，哥白尼和克卜勒所發展出來的宇宙新視野，很快就由伽利略證實了，而這就是新觀念碰上舊思維的典型例子。所謂「伽利略事件」就是兩種思想的衝突，最後導致伽利略受審及監禁，這正是傳統阻力赤裸裸的表現。

伽利略：科學的王牌演員

伽利略（一五六四～一六四二年）小時候最想當神父，他那有才氣的窮音樂家老爸，卻一直希望他當醫生。伽利略出生在比薩，也進入比薩大學，出了名地喜歡和教授及同學爭辯。他研讀古代自然哲學的書籍，並學習希臘文、拉丁文和希伯來文。課堂上也教數學，但主要的目的是協助他們了解其他學門。有些古籍作者的想法，讓伽利略覺得很荒謬，例如亞里斯多德認為重的物體落得比輕的物體快。（這讓伽利略聯想到下冰雹的情況。如果亞里斯多德是對的，大小冰雹落地的時間應該不一樣，但是它們卻同時落到地面上，可見小冰雹比大冰雹先落下，或者小冰雹是從更高的空中落下來。這不是很奇怪嗎？）另一個啟發他的例子，是教堂裡懸掛的油燈，伽利略注意到這些油燈緩緩地擺盪，這使他開始觀察單擺的運動。最後，伽利略的觀念使得鐘表匠製造出準確的計時器。四年後，伽利略帶著對物理學的迷戀離開大學，但是沒有拿到學位。

為了爭取義大利大學的一個教職，伽利略花了幾年，在佛羅倫斯和西恩那擔任數學家庭教師。最後，他在比薩大學得到了一個職位，但是他那好辯的天性此時卻更變本加厲；他經常為了某個觀念，公開攻擊老教授。因此三年的聘約結束後，他沒有被續聘。不過這幾年他在知識上的收穫卻頗為豐富：他開始對天文學感興趣，也寫了一些評論托勒密和哥白尼的文章；發展出一種簡單的溫度計，並開始仔細研究力學。不過他最具原創性的想法，還是和落體運動有關。亞里斯多德認為物體掉落的速度與重量成正比，但伽利略反對這種想法。他認為，物體掉落的速度可能和重量**無關**，換句話說，所有物體掉落的速度都是一樣的，不管是輕是重（這當然不包括空氣阻力）。伽利略認為，要知道真相一定要做實驗，光憑思考是沒什麼用的。

伽利略死後十幾年，他的學生寫了一些有關老師的敘述。根據記載，伽利略是在主教教

義大利的天文學家與數學家伽利略，把物理學奠基在堅實的數學基礎上。

堂鐘樓上，進行了決定性的實驗，這座鐘樓就是著名的比薩斜塔。（該塔建於一一七三至一三五〇年間，尚未完成就已經開始傾斜。）依據傳說，為了將空氣阻力降到最低，伽利略選了兩個形狀類似的球體，一個是鉛球，另一個是木球，也有人說是銅球和木球。他爬上塔頂，我們可以想像下面有一群學生與教授等著看好戲，其中一定有很多人不相信伽利略的推論。兩顆球從五十四公尺高的塔頂落下，只發出「砰」的一聲。如果沒有空氣阻力的話，它們必定同時到達地面。太空人史考特一九七一年參加阿波羅十五號太空任務，就曾在月球表面用鐵鎚和羽毛重做了這個實驗，兩者同時落地。

很多人懷疑是否真有這場比薩斜塔的實驗，伽利略只說他在一座「高塔」上測試自己的理論。如果真的有這場實驗，在當時一定會造成轟動，我們就不會只有這些間接的、二手傳播的資料了。歷史學家柯恩就表示，比薩斜塔實驗的說法「無疑是假的。」物理學家列德曼也認為，「這是第一次偉大科學的公開表演，如果真的發生這件事，一定是個大新聞。」傳記作家德雷克則認為，這件事也**可能**發生過，只是我們現在沒有足夠的資料來做結論。

至少有兩項理由，使比薩斜塔故事的真實性不是那麼重要。第一項是在伽利略之前，已經有幾位科學家做過類似的物體掉落實驗。事實上，在第七世紀就有一位名叫約翰的拜占庭學者，可能已經做過這項實驗。第二項理由是伽利略找到一個更好的方法來試驗墜落物體的規律，一個球從高塔上落下，幾秒鐘就著地了，要執行度量工作相當困難。因此，伽利略利用斜面，使物體墜落的速率減緩。兩者的原理還是一樣的，但是斜面實驗的時間長得多，度量起來也比較容易。（而且我們知道，伽利略**確實**做了很多斜面的實驗。）他發現這種運動受某個精確的數學定律掌控，墜落（或滾落）物體移動的距離，與移動時間的平方成正比。他發現墜落物體承受著**均勻的加速度**。這個不同於亞里斯多德的觀念終於確立，如果有人不相信，可以輕易地重複這個實驗。

一五九二年，伽利略得到帕多瓦大學數學教授的職務，他在這裡待了十八年，是他一生中最快樂、最有生產力的時光。他繼續研究單擺，還寫了很多軍事工程及防禦工事有關的論文。他也成為哥白尼的忠實信徒，這點反應在他一六〇四年一場有關「新星」的演說中。（很幸運的，距離第谷在一五七二年觀察的超新星之後大約過了三十年，歐洲夜空又出現了這顆超新星，除了伽利略之外，克卜勒也研究過它。從那個時候起，我們的銀河至今尚未出現過超新星。）

伽利略的新世界

在望遠鏡裡出現了一大群肉眼看不見的星星，數量之多令人難以置信。

伽利略

一六〇九年，伽利略聽到一件值得注意的發明：有個荷蘭人利用一根管子，前後各裝一片透鏡，可以把遠方的物體拉得很近。一般都認為望遠鏡是荷蘭人李普希（約一五七〇～一六一九年）發明的，其實他只是剛好把透鏡擺對位置而已。伽利略很快就做出自己的望遠鏡，有記載說他在二十四小時內就研究出望遠鏡的工作原理，並且做出一具當時最強大的望遠鏡。

望遠鏡在軍事用途上的價值非常明顯，這也是他第一次出示望遠鏡的賣點。一六〇九年八月二十一日，伽利略帶著一群威尼斯的達官貴人，登上能俯瞰聖馬可廣場的鐘樓，然後他將望遠鏡對準威尼斯的港口，接著，他請這群貴賓用望遠鏡觀看遠方的船隻，貴族們全都印象深刻。據說，他們將尚未駛進港口的船隻看得一清二楚，而這艘船還要再航行兩個小時才會進港。帕多瓦大學立刻將他的薪水加倍，並打算將他的任期延長為終身職，但伽利略並沒有接受。他想利用這次的機會做為籌碼，在家鄉爭取一個好職位，後來他受命為托斯卡尼大公爵首席哲學家及數學家。

當威尼斯那些領袖想用望遠鏡來偵察可能具有敵意的船艦時，伽利略的眼光卻擺在更高的地方。千年以來，很多人都為夜空中的星星著迷，現在，在托斯卡尼寧靜的花園裡，伽利略成了第一位可以用望遠鏡深入觀察夜空全貌的人。在一六〇九年清新乾淨的冬夜裡，伽利略從望遠鏡裡看到的景象將永遠改變這個世界。

伽利略觀察到，金星就像月亮一樣有陰晴圓缺，因此他認為金星其實是繞著太陽在旋轉。在此同時，他發現有四顆「星星」似乎緊靠著木星，雖然它們的位置每晚都會改變，但從不跑開，因此他推論這些星星都是木星的衛星，繞著木星旋轉。這兩個發現都和「地球為宇宙中心」的想法衝突。（我記得自己還是青少年的時候，第一次架好望遠鏡看到木星的衛星時那種心中的興奮。當然，我從書本上早就知道這些衛星的存在，也看過它們的照片，但是還是非常感動。伽利略不一樣，他事先並不知道自己會看到什麼。因此，我們只能想像他第一次看見這些物體的激動心情。）早在十幾年前，伽利略就開始喜歡哥白尼的模型，現在從望遠鏡看到的景象，更堅定了他的信心。而且他在天文學上的發現一直持續增加：他看見了太陽上的黑點，也看到月球表面的高山和火山口。而這些都與亞里斯多德的觀點不符，亞里斯多德認為太陽與月亮都是「完美」的天體。

一六一〇年，伽利略出版了《星際信使》這本書，將自己用望遠鏡的觀察結果公諸於世，立刻造成轟動。五年內這位義大利教授的名字很快就傳遍了歐洲的知識界，還向外擴散，甚至傳到了中國。依照傳記學家雷斯頓的說法，伽利略望遠鏡裡的發現，很快就使他名滿天下。

伽利略揭示了不可思議的新宇宙，令很多學者欣喜且印象深刻，但是他在自己的家鄉卻引發了一些麻煩。有些批評人士緊抱著亞里斯多德和托勒密的世界不放，硬是拒絕接受伽利略的發現。他寫信給克卜勒，說自己「提供這些學者一千次機會」看看望遠鏡裡的景象，但他們就是「對真理之光閉起眼睛」，不肯碰望遠鏡。

關於伽利略如何身陷和教會的衝突，已經被傳說過無數次，但是這些說法大部分都將衝突過度簡化。伽利略事件並不單純是科學與宗教的牴觸，也不只是兩個不同天體模型支持者之間的爭執。它是混合了哲學和神學的一種論爭，但其中最主要的還是因為牽涉到政治立場。而且它經過了一段冗長而緩慢的發展過程，從一六〇九年伽利略首次利用望遠鏡觀察天體，到最後他在羅馬接受天主教宗教裁判所的審判，其間相隔了約二十五年。我們現在重新檢視一下這個事件的來龍去脈，以破除隨之而來的不實觀點。我們將會發現因為衝突的關係，使得這件事在科學史上成為最明顯的例證，讓我們知道有時候接受新觀念，將遭遇多麼大的阻力。

伽利略與教會

起初，羅馬教廷對伽利略的發現，表現得相當熱切，當他在一六一一年帶著望遠鏡前去梵蒂岡展示時，教廷官員似乎很高興。但是義大利大學裡，那些靠著傳授亞里斯多德自然哲學為生的教授，聯合起來反對他。有位名叫卡西尼的聖道明會教士，年輕氣盛又急著想出名，就以傳教的立場來指控伽利略。伽利略為了避免危機發生，又跑了一趟羅馬，敦促教會在物理學和天文學上，採取比較彈性的態度來面對問題，但卻沒有成功。教會人士反而告訴他，既「不能支持也不能保護」哥白尼的想法。其後數年，伽利略聽從教會的指示，在佛羅倫斯附近的家中，安靜地研究別的東西。

當巴貝里尼被選為教皇，以烏爾班八世的名義登基時，伽利略非常興奮。巴貝里尼也是托斯卡尼人，還是伽利略的朋友，對科學和哲學的態度一向很積極。新教皇的姪兒叫法蘭西斯科，更是伽利略的好朋友。就在這一年，伽利略把一篇討論新科學方法的論文《試金者》，獻給這位新教皇。教皇的回應是：他很欣賞伽利略的機智，而兩人的政治觀點似乎也有共通的地方。有人告訴伽利略，這位羅馬教宗曾在晚飯過後，叫人讀《試金者》給他聽。教皇告訴伽利略，儘管去寫有關世界系統的東西，只要給托勒密系統和哥白尼系統相同的比重就行了。

因此，伽利略就開始動筆，寫出他最偉大的著作——《關於托勒密和哥白尼兩大世界體系的對話》。這本書在一六三二年出版，整個歐洲都為本書喝采，認為它是文學及哲學的鉅著。但是對伽利略來說，這個時候的問題並不是**他說了什麼**，而是**他怎麼說的**。《星際信使》是用拉丁文寫的，問題還不大，但是他這本《對話》卻是用當地人人都看得懂的義大利文寫的，麻煩就來了。在《對話》裡，他創造了三個不同的角色，利用他們三人之間的對話與討論，來表達自己的主張。這三個虛擬的人物是薩維亞堤、薩格萊多和代表古老托勒密觀點的辛普利修。辛普利修這個名字，應該是來自希臘哲學家辛普利修斯，他曾寫文章注釋亞里斯多德的觀念。不幸的是，這個字在義大利文裡有笨蛋的意思，而且書中的辛普利修正好也是個呆頭呆腦的人物。對於教皇要求對兩個系統平等論述的事，伽利略只是在口頭上虛應故事而已，這本書根本就遮遮掩掩地承認了哥白尼系統。當伽利略的敵人對教皇進讒言，說辛普利修根本就是在諷刺教皇本人，這件事就成了壓倒伽利略的最後一根稻草。教皇認為伽利略刻意侮辱他，盛怒之下，就下令將《對話》列為禁書，並將伽利略送交天主教的宗教法庭。

伽利略和哥白尼及克卜勒一樣，都是很虔誠的天主教徒。當時天主教的形勢也很困難，歐洲北方發生了新教徒的宗教改革，而梵蒂岡當時最迫切的問題，就是處理發生在本土有關意識型態的挑戰。就是因為教廷要處理這樣的挑戰，大約在伽利略事件發生的十年前，義大利神祕主義哲學家布魯諾陷入了麻煩。布魯諾（一五四八～一六〇〇年）也支持哥白尼的學說，但是真正惹惱教廷的，可能還是得歸因於他主張地球只是很多個有人的世界之一，而這樣的世界可能有無限多個，遍布於星空中。布魯諾在一六〇〇年被燒死在火刑柱上。

對於伽利略，羅馬教廷還有另一個困擾，就是他公開質疑教廷對《聖經》做唯一解釋的權威。對教廷來說，這件事等同於公然侮辱。我們舉〈約書亞書〉有名的一段為例：

當耶和華將亞摩利人交付以色列人的日子，約書亞就禱告耶和華，在以色列人眼前說：日頭啊，你要停在基遍！月亮啊，你要止在亞雅崙谷。

於是日頭停留，月亮止住，直等國民向敵人報仇。……日頭在天當中停住，不急速下落，約有一日之久。

依照伽利略的看法，約書亞的英勇事蹟，並不是照字面所描述的那樣，干擾到天體的運行。伽利略寫說：「只要我們能夠真正了解《聖經》的意思，我非常相信，而且願意見證，它永遠不會說假話。但我也相信，沒有人能否定《聖經》是非常深奧的，它的真實意義經常會超越文字所表現出的簡單意涵。」他警告我們，任何一段經文如果只照字面上的意思去了解，「我們很可能會搞錯原意。」伽利略表示，約書亞這段經文完全符合哥白尼系統。這段經文的作者想把故事說得簡單些，好讓聽故事的牧羊人和農夫了解故事的本身。當時的人認為地球是宇宙的中心，以今天的說法，他們「對宇宙模型根本一無所知。」

……因為〔約書亞的〕話是說給當時的人聽的，而他們對天體運行的了解相當有限，除了日出東山、月落西山之外，可能一無所知。受限於聽眾的能力，只能用大家可以理解的方式去表達。作者並不想教導他們天體的配置，只是要他們了解偉大的神蹟。

就像教會當局一樣，伽利略相信《聖經》是絕對不會錯的，但是他認為，對於《聖經》的解釋則不一定完全正確。伽利略曾經說過，《聖經》告訴我們的，是如何上天堂，並不是告訴我們天堂如何運作（這段話他可能是從梵蒂岡圖書館的紅衣主教巴若尼那裡借來的）。哈佛大學的天文學兼歷史學家金格瑞契說：「對於神學家而言，哥白尼系統其實沒有什麼大問題，問題在於研究方法本身。有關世界的知識應如何確立，大自然之書要如何表現，才能顯示出《聖經》的真確性。」

哥白尼系統事實上從未被教會宣布為異端邪說，教會只是在一六二〇年下令，每一本《天體運行論》裡面，都要加上一段注記，強調這位偉大天文學家的研究，只是有關自然世界的一項假說而已。（但是金格瑞契說，實際上只有在義大利出版的書，才會受到嚴格的檢查。那些在法國和西班牙出版的書，都能保持原貌，雖然這兩國也是天主教國家。他說：「這件事顯然被當成義大利內部的紛爭。」）而現在，由於伽利略惹怒了教皇，他的《對話》也被禁。教會也把既有的書本全部查禁、沒收。當然，這是指梵蒂岡政治勢力所及的範圍。

罪與罰

一六三三年，伽利略在快要七十歲的時候，被帶到羅馬去審判，罪名是「強烈的異端嫌疑」。他原本希望能達成某種形式的認罪協商，例如承認自己違背了教宗的命令，然後答應以後不再教導或支持哥白尼的系統。但教會不接受這種條件。教會給伽利略看各種刑具，並威脅他如果不肯乖乖合作，就要對他用刑，伽利略被迫聲明自己放棄對哥白尼理論的信仰。根據傳說，當他被帶出法庭時，還小聲嘀咕：「可是地球明明在移動呀！」他心裡雖然很可能這麼想，不過一定不敢大聲地說出來。

歷史學家都同意，這其實是一場政治與權力的鬥爭。歷史學家金格瑞契說：「當時，阿爾卑斯山以北發生了新教徒的宗教改革，羅馬教廷正努力在神學上統一思想，所以伽利略的行為被視為撼動教會的嚴重不法。伽利略事件的表面原因似乎相當崇高，爭論人是否在宇宙的中心，但其實背後充滿了特別的個人因素在相互較勁。」傳記作家德雷克說它是「科學家爭取傳授並捍衛自己科學信仰」的事件；雷斯頓描述它是「個人因素而非原則問題」。

伽利略研究科學的態度與方法，也讓義大利同時代的那些教士與學者，覺得有如芒刺在背。伽利略認為，科學研究不應該受限於教會與大學這種高高在上的殿堂，任何受過訓練的人，都能對科學發展有貢獻。物理學家魯比亞說：「伽利略支持哥白尼系統，表示讀者可以自己得到結論。只要你了解科學方法運作的方式，科學方法是人人可用的。或許有些人害怕的正是最後面這個觀點，它比太陽中心論更令人驚慌失措。」因此伽利略真正的罪行，很可能是他挑戰了唯有神學家才能探究最終真理的觀念。幾百年來，一般人都跑進教會，想了解宇宙的真相。而現在卻出現了伽利略這個頑固份子，認為任何人都可以觀察天空，自己推論宇宙真理。

在宗教裁判所判決之後，伽利略被軟禁在佛羅倫斯附近的自家莊園內，度過他生命中最後的八年。雖然感到洩氣，他卻沒有被打倒，還是活力滿滿地研究科學，比任何同齡的人更活躍。他也接待一些賓客，其中有兩位非常有名的英國人。詩人彌爾頓非常氣憤羅馬教廷對伽利略的對待，專程來看他，後來還把哥白尼的天文學，寫入他的史詩《失樂園》中。另一位順道來拜訪的是哲學家霍布斯，他告訴伽利略，那本令義大利當局極為光火的《對話》，已經在英國出版了。一六三七年，伽利略完成了另一部鉅著，這次談的是力學。書名是《關於兩門新科學的對話》。據說在被軟禁期間，伽利略只要求外出過一次，就是把他的新書偷運出去。他的朋友看見這本書在荷蘭城市萊登出版，而不是在義大利。一六四二年冬天，伽利略死於家中。

非常非常緩慢地，梵蒂岡終於了解判伽利略有罪真是大錯特錯。直到一八三五年，他的《兩大世界體系的對話》才從禁書名單中除名；一九六六年，所謂的禁書名單也廢除了。一九九二年，教宗若望保祿二世承認，經過十三年的調查之後，伽利略事件是「雙方缺乏了解產生的悲劇」，這項平反真是遲來的正義。傳記作家雷斯頓寫說，教會對伽利略的作為「是其近代歷史中最大的笑柄。」一直到今天，伽利略的冤魂還纏著羅馬教廷不放。

不論就象徵意義或實質意義來說，伽利略都把天上拉到地面了，太陽、月亮和行星這些原本存在於自己完美領域裡的天體，居然可以用望遠鏡來觀察、研究，就像研究地球上的東西一樣。伽利略之後，當大家在描述天體時，再也沒有人提到亞里斯多德所說的「第五元素」了。但最重要的是，伽利略發現了數學在描述自然世界時的重要性。他寫道：

> 自然被寫在一直展開在我們眼前的宇宙大書裡，我們想讀這本書，一定要先學會組成它的文字和語言。它是用數學寫的，使用的字母是三角形、圓形和其他幾何圖形。如果沒有這些東西，以人的角度是無法了解自然的。沒有這些東西，我們會陷入黑暗的迷宮。

這個觀念重要到難以形容，在本書中，它將一再地出現。大自然有它的秩序，而這個秩序可以用數學來表示，寫成簡單、明白而優雅的方程式。實驗與數學分析，結合成科學的骨幹。我們推崇伽利略，因為是他提出了這個觀念，後來這個觀念在一個英國人身上達成空前的成就，這個小男孩在伽利略死後幾個月，出生於英國的林肯郡。

牛頓：寂寞的天才

一六四二年的耶誕節，牛頓（一六四二～一七二七年）生於英國烏爾索普鄉村的一所莊園裡，根據家族的親友描述，牛頓是個「老實、安靜、愛思考的男孩。」牛頓在這裡一直住到十二歲，才到格蘭瑟姆的文法學校去念書。這所學校興建於一五二八年，石頭建成的校舍迄今仍然屹立著，它的外牆上有一塊飾牌，紀念著這位最傑出的學生。校內一塊石頭窗台上，依然留著十七世紀學生在上面的塗鴉，其中也刻著牛頓的簽名。在城鎮的廣場上，有座牛頓的大型銅像，對街就是牛頓購物中心。

我們對牛頓的學生生涯知道得很少，但他和學校裡小霸王打過的一場架，一定對他影響很大。這個小霸王先踢了他的肚子，因此迫使牛頓約他在下課後一決高下。有一位叫康杜特的人記載了這場打鬥，他後來娶了牛頓的姪女。「雖然牛頓沒有對手那麼高大，但是他意志堅定，鬥志激昂。打得最後對手求饒，說不想再打下去了。另外，校長的孩子也曾經侮辱牛頓，說他是膽小鬼，並且推他的鼻子去撞牆。據說牛頓拉住對方的耳朵，也把他的臉推去撞教堂。」這場打鬥顯然激發出牛頓的學習能力，他的功課本來在班上是倒數的，後來變成了全校前幾名。

牛頓的母親本來希望他最後會回烏爾索普，去經營家族的產業，但牛頓顯然不適合從事這份工作，他的心思總是會為手邊碰到的問題分神。他寧願花好幾個小時，去組裝時鐘和水車的模型，也不願意去照顧農作物或牲畜。最後，他母親接受了牛頓不合適過農村生活的事實，讓他去劍橋大學就讀。佣人們顯然也都很高興，據說佣人對於牛頓的離開都「很開心，他們認為牛頓除了念大學，做什麼事都不合適。」

牛頓在一六六一年離家到劍橋去。當時，學校還沒有開始教導上個世紀重大的科學發現，校園裡還是亞里斯多德的天下，但是牛頓已經聽到那些會改變自然哲學面貌的革命性新觀念。他已經讀過哥白尼和克卜勒的天文學，伽利略的力學，還有笛卡兒的哲學。笛卡兒把自然看成是一個複雜但可預測的機械系統，這個觀念深深地影響了牛頓。

對牛頓來說，和思想觀念打交道似乎比和世人交往更愉快。因此在三一學院時，他幾乎沒有什麼親密的朋友，很少到大廳與大家共進晚餐，就算去了，也常常「心不在焉，踩著鞋子的後半截，長襪子也沒綁好……頭髮也幾乎不梳。」後來他在這裡當教授，也以心不在焉出名，據說還曾對著空教室上課而渾然不覺。

牛頓經常長時間獨自研究，在燭光下潦草地寫下自己的想法並進行研究，他的實驗室就設在自己房間的隔壁，常常一做就到天亮。但他最重要的創見卻不是在劍橋發現，而是在老家烏爾索普。一六六五年，由於爆發了大型的疫病，學校被迫關閉了十八個月，牛頓暫時回到家中，當時他的年紀大約二十出頭。牛頓後來回憶說：「當時我正處於創造力高峰之齡，專注於數學和哲學。」在烏爾索普這段寧靜的日子裡，牛頓致力於力學的定律，他精研伽利略的力學，並建立日後所謂的牛頓三大運動定律，這三大定律直至今日仍是古典物理的基礎。他也為日

英國物理學及數學家牛頓，他的《原理》標記了科學革命的高峰。

後發明的微積分奠定基礎工作，同時展開光學與色彩學的研究。

但是和科學紀錄有同樣分量的，卻是傳說中蘋果的故事。躺在兒時住家庭園裡的蘋果樹下，牛頓眼看著蘋果從樹上掉下來，腦袋無疑又神遊去了。就在他看到蘋果掉下來的同時，他心裡也想到月球在軌道上繞著地球轉，忽然他靈機一動，得到一個很深奧的結論：他知道把蘋果往下拉的是重力，也許重力的影響可以到達很遠的距離。後來他回憶說：「自己開始考慮重力遠達月球軌道的問題。」

牛頓開始尋找控制這些運動的方程式，最後他「推論出讓行星在軌道上旋轉的力，必定和行星與旋轉中心之間距離的平方成反比。」或者，以現代的語言來說，重力的強度遵守**平方反比定律**：兩個物體之間的距離加倍，它們中間的重力會減弱到原來的四分之一。如果距離增加為三倍，重力的強度會減弱成原來的九分之一。利用牛頓的平方反比定律，行星的軌道**必定是**橢圓形的，兩者之間有數學上的關係。牛頓可以用自己的定律推演出克卜勒的發現，而且重力影響的物體都遵守這個定律，不論是行星、衛星或蘋果，它們都可以用同樣的數學方式來敘述。**萬有引力定律**從此誕生。

當然，蘋果的故事在牛頓很老的時候才傳出來，難免有穿鑿附會的嫌疑，這就像伽利略和比薩斜塔的故事一樣，這些事情都是多年以後才被人披露出來的，難免會令人聯想到對偉大科學家的英雄崇拜。然而，就像比薩斜塔的故事一樣，這些傳聞的真實性，在現在已經無足輕重了。直到今天，烏爾索普的觀光客還是會在領主宅邸外略微傾斜的草坡上，看到一棵盤根錯節的老蘋果樹。雖然這棵樹太年輕了，不可能是牛頓的那棵蘋果樹，但是它飽經風霜及多節的枝幹上，仍存在著令人無法抗拒的吸引力。

牛頓推論，讓蘋果往下落的力，與讓月球在軌道上運行的力是相同的，都是重力。

牛頓的《原理》：奠定基石

和我一起歌頌、讚美牛頓，
他打開了藏著真理的珠寶箱……
凡人之中，沒有人比他更接近上帝。

哈雷，牛頓《原理》的序言

雖然牛頓的行事很低調，但是他的成就還是無可避免地傳了開來。一六六九年，他才二十七歲就被任命為劍橋大學的盧卡斯數學教授，這是一個很崇高的學術職位（這個職位目前是由《時間簡史》的作者霍金擔任*）。在此同時，牛頓在光學上的研究也引發了另一項實質的發明，就是用鏡子來取代透鏡的望遠鏡。（伽利略使用的是那種透鏡式的望遠鏡，稱為**折射式望遠鏡**，它的製造比較昂貴，有時候也無法呈現出真正的色彩。相較之下，利用鏡子的**反射式望遠鏡**比較容易製造，也能提供較精確的色調。）在倫敦新成立的皇家學會的科學家想要讚美一下牛頓的發明，於是決定邀請他加入，牛頓後來還當了這個學會的主席。

一直到這時候，牛頓對於發表研究成果這件事還是很遲疑。後來天文學家哈雷一直持續地催促他，牛頓終於將自己二十年的研究結果寫成一份鉅著發表出來，這套鉅著就是一六八七年出版的《自然哲學的數學原理》，裡面包括牛頓推演出來的運動與重力的理論。這套書立刻成為物理界有史以來最重要的論文，牛頓也立刻成為歐洲科學界最有名的人。而那位催促牛頓發表成果的天文學家，就是後來命名哈雷彗星的人。

到了五十幾歲，牛頓在劍橋已經待了三十五年以上，覺得再待在大學裡也沒什麼發展了，於是他跑到首都倫敦，先接受了皇家鑄幣廠的監管，後來改任廠長。在倫敦這段期間，牛頓陷入與同儕科學家之間的衝突。其中最劇烈的，就是牛頓和德國數學家萊布尼茲（一六四六～一七一六年）爭執到底是誰發明了微積分，這場爭論延續了十年以上，直到萊布尼茲死了才停止。（時至今日，歷史學家普遍認為，他們兩個人各自獨立地發展出微積分。）

一七〇五年，安妮女王冊封牛頓為騎士，這時候，這位英國最偉大的科學家已經步入晚年。他在八十五歲的時候死於倫敦，接受國葬的安排以及英國的最高榮譽——安葬在西敏寺大教堂裡。他的墓上裝飾著大理石雕刻，牛頓斜倚著，旁邊有個地球，還有一群小天使和一位天文女神，墓上以拉丁文寫著：「讓世人為他欣喜，這裡長眠著一位偉大的人中龍鳳。」

科學家或魔法師

牛頓在光學上的研究成果、微積分的發明，以及整理出運動與重力理論等，使得他在科學上的成就可以說震鑠古今。由於他的發現，大家開始把自然看成是一個運轉順暢的機械，一個由數學定律

＊霍金已於二〇〇九年卸任此職。現任盧卡斯數學教授為英國物理學家葛林，他是弦理論研究的先驅者之一。

所支配，時鐘似的東西。這個隱喻在他的鉅著《原理》之中，主宰了科學思想超過兩百年以上。但是牛頓生活的時代其實還隱約存在著中世紀的回音，雖然聲音變淡了，可是還聽得見。他也寫些與古代歷史、神話學、《聖經》年代學以及與其他超自然主題有關的文章，他甚至研究《聖經》的〈但以理書〉，企圖決定世界末日正邪決戰的日期。有現代學者談到他在化學上的研究，但那些其實並不是化學，牛頓真正著迷的是古代**鍊金術**。傳記作家懷特指出，牛頓去世的時候，圖書室裡有一百三十八冊有關鍊金術的書，而我們稱得上化學的書只有三十一本。

現在大家所認識的牛頓，是個有邏輯而理性的人，他怎麼會去搞鍊金術和那些超自然的事？就像現代的物理學家一樣，牛頓也想找出一個統一的，可以描述全體自然的理論。但他與現代科學家不一樣，他並不想把古代學者與哲學家的思想排斥在外。根據懷特的描述，牛頓「想把所有的知識都綜合起來，他想找出宇宙的某種統一的原則或理論。」牛頓相信，古代的哲學家曾經獲致這個理論，但後來卻失落了，而他的任務就是重新發現這份古老的智慧。懷特寫道：「牛頓自認為存在的理由，就是重建這種『知識的架構』。因此，在知性的層次上，他認為沒有什麼研究是超出自己範圍的，沒有哪塊石頭是不值得翻過來看看的，沒有什麼理論是不能碰的。」牛頓也許不喜歡被貼上化學家或鍊金師的標籤，他只是個搜尋自然基本定律的自然哲學家，而這些定律可以用來定義出一個統一理論，他所找的就是「萬有理論」。

牛頓在鍊金學上的研究顯然是失敗的，但在物理學上，他的統整工作卻非常成功：行星的橢圓形軌道、海洋的潮汐現象、拋射物和落體的路徑，甚至連地球本身的形狀，都可以利用牛頓簡潔的數學定律來說明。以前要用到很多理論才能解釋的現象，現在只需要兩個觀念：牛頓的運動定律和他的萬有引力定律。他緊密結合了從伽利略開始，將天體與地球統合在一起的物理學，創造出一個數學架構，把千年來物理學的進展全部納入，並為將來的發展設好了舞台。

就像古代希臘哲學家和文藝復興時期的科學家一樣，牛頓也追求簡單化。他在《原理》中呼應奧坎的話：「大自然不會白費力氣，如果因緣具足，就不會多生枝節。」他相信「大自然是簡單的，不會浪費力氣去創造不必要的原因。」

牛頓或許真的把理性及魔術揉合在一起，但他也是科學新時代的第一位巨人，是科學革命的頂尖人物。牛頓之後，科學和哲學終於分道揚鑣，科學成了一個獨立的學門，探索自己的問題。那些追求真理的人不再依賴少數學者的真知灼見，或少數古代教科書的權威，取而代之的是對自然的直接觀察，並進行精確的度量及數學分析。這些策略由伽利略提出，而由牛頓確立，也就是現在所謂的**科學方法**。

經由伽利略和牛頓的努力，科學終於成熟了。伽利略是第一個了解數學具有強大描述自然現象能力的人，他被認為是現代物理學之父，因此我們在T恤上可以這樣讚美他：我們可以寫上控制落體和加速度運動的方程式。另外為了表揚他在天文學上的突破，我們可以在T恤的背面畫上木星和它的衛星，或者我們可以用伽利略太空望遠鏡的照片來代替。至於牛頓，他把這些都結合在一起，成為一個簡潔明瞭的套件，因此，任何一個大一的物理系學生都可以設計出這件T恤：它可以寫上牛頓的三個運動定律和萬有引力定律，這些定律不論是天上地下，均一體適用。在追求物理學統一理論的任務上，伽利略和牛頓完成了第一個重大的突破，他們把天體和地球連接在一起。

第四章　真知灼見的閃光

電、磁與光

我們假設大自然存在著偉大的統一，只需要一個原因就足以說明許多不同種類的結果。

康德

牛頓的《原理》出版之後，機械式宇宙的觀點支配了世人約兩百年。科學家應用牛頓的定律去研究天文學、物理學及很多工程上的問題，成果輝煌。其中最有名的例子就是英國天文學家哈雷所做的一項預測，一六八二年哈雷觀測到一顆明亮的彗星，利用牛頓的定律，他計算出這顆彗星的軌道，並且預測七十六年之後這顆彗星將再度出現。到了一七五八年，這顆在太空中遊蕩，由岩石和冰塊構成的小傢伙，果然再度出現。雖然哈雷本人在一七四二年去世，來不及親眼目睹自己的預言，但這顆彗星以他的名字命名，也足以讓他千古不朽了。

可是用牛頓的引力定律及運動定律描繪出來的機械世界圖像，似乎不足以涵蓋所有的事，尤其是電力與磁力的本質，依然是個謎。當時的人對這兩者的理解，依然停留在兩千年前古希臘人已經知道的部分。例如泰勒斯就曾經注意到，一種產自亞洲美格尼西亞地區的黑色石頭，有吸引鐵的能力，希臘人稱這種石頭為**磁石**。他們也知道摩擦某些物質，例如琥珀，會使它帶有吸力，可以吸一些輕的東西，如軟木、碎紙片或一小段乾草。

在中世紀，有人發現將很輕的磁石懸吊起來，讓它自由旋轉，它會停留在南北向的位置，於是航海用的羅盤就這樣誕生了，這項發現大約在十一世紀，可能是源自中國。但若談到它的理論根據，進展卻非常緩慢。一六〇〇年，伊莉莎白女王的醫師，同時也是英國科學家的吉伯特把當時我們對電和磁的知識，整理成一本論文《磁學》發表，吉伯特（一五四四～一六〇三年）準確地聲稱，地球本身就是個天然的磁石，他也指出**電**這個字的英文來自希臘文的琥珀。

儘管吉伯特想把電和磁與其他的自然力量連結一起，但結果卻是失敗的。他和克卜勒一樣，認為行星圍繞太陽的運動和磁力有關，這個說法從表面上看沒什麼問題，因為他已經指出地球本身具有磁場，而且我們目前已經知道，太陽和許多行星也有這種性質。不過，透過牛頓的研究大家已經知道，支配行星運動的是重力而不是磁力。

吉伯特之後，一轉眼又過了兩百年，我們在電和磁的領域上幾乎沒有什麼進展，發展的腳步之所以這麼緩慢，是因為：首先，在牛頓的大發現之後，電和磁雖然也激起某些人的好奇心，但並不是什麼特別重要的現象；第二，直到十九世紀初期以前，都沒有適當的工具可以研究電和磁。

電與磁：一種隱隱約約的關係

長久以來，大家都懷疑電和磁之間似存有某種關聯性，但卻一直苦無證據。例如一七三一年，一道閃電擊中某位英國商人的廚房，在現場收拾妥當之後，他發現有些刀子和湯匙居然有了磁性，可以吸起鐵釘和其他的小鐵片——換句話說，它們被**磁化**了。一七五二年，美國發明家兼政治家富蘭克林（一七〇六～一七九〇年）在暴風雨中放了一個風箏，證實了閃電和電之間有某種關係。（如果今天富蘭克林在電視上表演，毫無疑問一定會警告觀眾：「請勿在家裡嘗試！」）

但是電是稍縱即逝的東西，如果你無法加以儲存，你就無法研究它，而電荷很容易消散，使我們無法度量或分析它。多年以來，貯存電荷只有一種方法，就是使用萊頓瓶，這是一種裡面襯著金屬的密封玻璃容器。第一位研究電荷定量性質的科學家所研究的是**靜電學**，就是靜止電荷之間的作用力。他們很快就知道，電荷有兩種，簡稱為正電荷與負電荷。不同的電荷會互相吸引，而相同的電荷會互相排斥。不久之後他們也發現，與重力類似，電荷之間作用力的強弱，也遵守平方反比定律。這項規則是法國科學家庫侖（一七三六～一八〇六年）發現的，又稱為庫侖定律；但幾乎就在同時，英國化學家兼神職人員普里斯特利（一七三三～一八〇四年）也獨立地發現平方反比的關係，不過他主要的研究對象是氣體。另外一個英國人卡文迪西（一七三一～一八一〇年）對於靜電也有很重要貢獻，但他更為人所知的功績是分離出氫元素，以及精確測量重力的強度。

就像在科學界偶爾會發生的事一樣，第二項突破來得有些意外。一七八六年，義大利的生理學家伽伐尼（一七二七～一七九八年）用電極去觸碰解剖的青蛙腿，看到蛙腿劇烈收縮。他原來以為這是動物組織產生的效應，但事實上卻是組織裡的鹽類對伽伐尼的電極產生的反應。這項發現促成了化學電池的發明。另一位義大利物理學家伏特（一七四五～一八二七年）完成了下個步驟。一八〇〇年，他做出了「伏特電池」，把銀和鋅片用卡紙隔開，堆疊在一起，放入電解質中。在接上電路之後，這個電池發出穩定的電流，電流的量化研究也就此開始。

拿破崙皇帝感覺到這一連串發現的潛力很大，要求進行更多的研究，而且建議對電學研究的進展提供大獎，他說：「依我來看，電流將會導致偉大的發現。」事實上也是如此，雖然直到二十年後才出現一項發現，開啟了電和磁之間的微妙關係。

厄司特：電流與羅盤

厄司特（一七七七～一八五一年）生於丹麥的朗厄蘭島，父親是個藥劑師。他很快就把家鄉能提供的知識吸收了。他父親雖然窮，也知道這孩子喜歡讀書，於是送他去哥本哈根大學。起初，厄司特念的是藥學，但他深受物理學的吸引而轉行，最後還當上了教授。

厄司特知道電的一些新發現，其中包括伽伐尼和伏特的突破，因此開始研究酸和金屬的電流特性。一八二〇年，厄司特在準備課堂實驗示範，實驗目的是探索電流對羅盤指針的影響，由於準備得有些倉促，他只安排了幾個不同的位置，因此在進教室的時候，他還不太確定結果會如何。當通電的導線和羅盤同樣高度時，指針不受電流的影響；但是當導線放在羅盤上方或下方時，電流一通過，指針就會移動。奇怪的是，指針的方向會垂直於導線而不是與它平行，當時沒有人知道為什麼。歷史學家很感慨地說，這件事可能是在課堂示範時最偉大的科學發現——而它產生的結果也遠超過厄司特的想像。長久以來大家懷疑的電磁之間的關係終於被證實了，緊接著就發生了工業技術的革命。

一八二〇年七月，厄司特將發現寫成一篇四頁的論文發表，這是最後幾篇以拉丁文寫的重要科學論文。歐洲各地很多人接著也做了類似的實驗，並且得到相同的結果。幾個星期之後，厄司特的新發現傳到了巴黎。當它在科學學會上發表的時候，安培（一七七五～一八三六年）也是台下的聽眾，安培是法國的數學及科學家，由於受到厄司特發現的激勵就自己研究起來——他是第一位仔細研究**電動力學**的人。他很快就發現，通電的導線會彼此吸引或排斥，完全看電流的方向，而力量的大小也是遵守平方反比定律，就像重力與靜電一樣。就在聽了厄司特的發現後，只間隔一周，安培就提出自己的學術論文來發表。法國物理學家阿拉戈對安培研究的速度感到驚訝：「在物理科學界，從構思、實驗、證實到完成一項重大的發現，從來沒有這麼快的。」

回到哥本哈根，厄司特被認為是第谷之後，丹麥最偉大的科學家。除了這項偉大的發現之外，厄司特也是教育界的標竿：現代美國物理教師的最高榮譽，就是厄司特獎。厄司特晚年，一直嘗試著想把他看到的美和科學調和起來，對他而言，這兩者都是上帝的傑作。他寫道：「精神與自然是一體的，只是觀點不同而已。」就像古希臘哲學家、克卜勒和牛頓一樣，厄司特已經在探索自然的統一理論，他發現的電、磁關係，使得物理學界在邁向萬有理論的道路上又前進了一大步。下個突破來自一位出身窮苦的英國人，後來成為英國最偉大的科學家之一。

丹麥物理學家厄司特，意外發現了通電的導線會產生磁場。

法拉第：偉大的實驗科學家

法拉第（一七九一～一八六七年）是科學史上一位很浪漫的人物，他的故事就像是研究人員的變裝秀一樣曲折離奇。他是貧窮鐵匠的第三個孩子，家住倫敦市郊的紐因頓地區，離現在的「大象和城堡」地鐵站不遠。法拉第沒受什麼教育，十四歲就到一家書籍裝訂廠工作。雖然是繁重的勞力工作，不過下班後法拉第獲准閱讀店裡裝訂的書，其中他又特別愛看科學書。

一八一二年，有位顧客帶法拉第去皇家學會聽戴維爵士的演講，這個學會是一七九九年創立的，成立的目的是推廣科學知識的應用。戴維爵士驚訝於法拉第對科學的熱情，後來聘請他擔任學會的助理。對法拉第來說，這份工作是夢寐以求的，不久，他就開始自己的電磁學實驗了。一八二一年十二月，離厄司特發表研究成果還不到十八個月，法拉第就發明了簡單的電動馬達。就像在列工作清單的開頭一樣，他在日記上寫著：「把磁轉換成電！」

十年後，法拉第成功了。一八三一年八月，他發現如何利用磁性，在導線上產生感應電流，他所做的正好和厄司特相反。法拉第發現，靜止的磁場沒有什麼作用，但是改變的磁場會使旁邊的線路產生感應電流，我們可以改變磁場的強度，也可以改變磁極，不管移動的是傳統的磁鐵或通電的線圈都行。法拉第發現了**電磁感應**，它後來催生了變壓器和發電機，引起電機科技爆炸性的發展。

法拉第從未替自己的發明申請專利，他是個謙虛而虔誠的教徒，只對自己發現的基礎原理感興趣。但身為一個公眾演說家以及科學傳播能家，他高明的演說技巧，使得他名聲響亮。（一九九〇年代，二十英鎊鈔票上的人像就是法拉第，後來才被作曲家艾爾加取代。）法拉第深信，科學是由其自身引導發展的，而不是因應工業上的需求而驅動——現代很多科學家也抱持相同的看法。由於法拉第幾乎沒受過什麼數學訓練，他的研究只能做到這個地步；電磁學上的最後革命是蘇格蘭物理學家馬克士威完成的，我們稍後將會看到。

英國科學家法拉第。他發現磁可以在導線上產生電流，引發了科技革命。

不過，法拉第可能是第一個了解新觀念在物理學上的重要性的人。將近兩百年來，當物理學家想到**力**的時候，總是認為它作用在兩個點之間，現在則開始考慮到**場**。舉例來說，電荷是被電場圍繞著的，我們愈靠近中心，電場的強度愈強；而同樣的觀念也可以用在磁和重力上。關於場的最簡單例子，就是老師在課堂上展示的，在紙板或玻璃板上撒滿鐵粉，然後在板子下擺一根磁鐵棒，鐵粉所形成的圖形就是那個肉眼看不見，卻到處存在的磁場。不久之後，場的觀念在物理學上的每個分支，都扮演著重要的角色，這個觀念讓科學家可以減化計算，並發展出更抽象、更有力的理論模型。但法拉第從不認為自己的研究工作是革命性的，他寫道：「不要認為我是思慮縝密的思想家，我只不過覺得事實很重要罷了。」

法拉第本人對應用科技沒什麼興趣，但很多科學家卻對於投資法拉第的發現有著強大的意願，而且很快就有了結果。一八三五年，美國物理學家亨利申請了電動馬達的專利，三年之後，格拉斯哥與

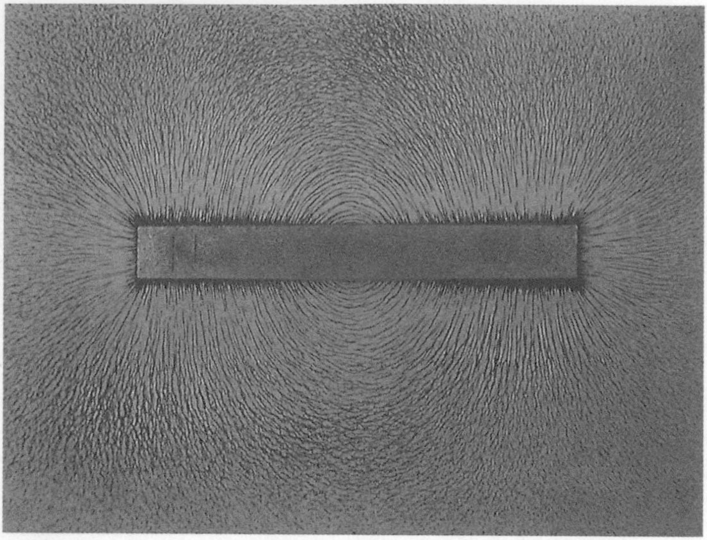

標準磁鐵棒上面鐵粉的圖形，顯示了肉眼看不見的磁場。磁場的曲線從磁鐵的北極彎向南極。

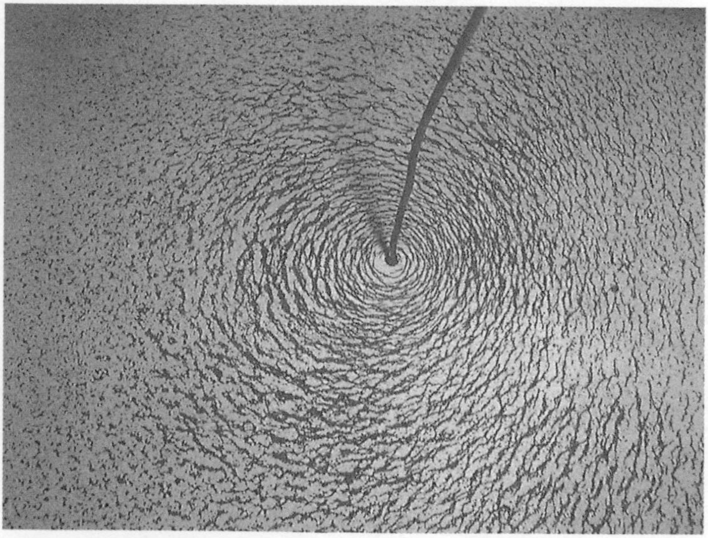

通電的導線也會產生磁場，這次它們呈圓形。

愛丁堡之間就出現了有軌電車。一八四三年，發明摩斯電碼的摩斯，從華盛頓到巴爾的摩，建立了第一條電報線，後來透過海底電纜，電報很快就把全球各個角落連接在一起。電車、電動火車和電梯，以及可靠的電燈，不僅改變了城市的面貌，也改變了人類的生活方式。

雖然哥白尼的革命對人類看待自己的方式，有深遠的影響，但對我們的日常生活卻沒有什麼幫助。比較起來，電磁學上的發現卻立刻有了實用的結果。法拉第出生時，消息的傳遞不會快過馬的奔跑或船的航行，但是在他死時，消息傳遍各大洲的速度，卻和打字或閱讀一樣快。一八二〇年以前，電磁學並不存在，但在這個世紀末，它卻已經改變了全世界。

馬克士威：偉大的整合者

就在法拉第發現電磁感應的前幾個月，馬克士威（一八三一～一八七九年）出生在愛丁堡的一個中上階層的家庭，他是個早熟又好問的小孩，每件事都想追根究柢，曾對於遍布家中召喚僕人用的鈴線深感興趣。據說他兩歲的時候，玩著一個打磨過的銀盤，還以為自己發明了鏡子——這可能是他在光的研究上有重大突破的先兆。除此之外，他不斷地問問題，不論是大自然、太陽和星星、甲蟲和青蛙，或是石頭和金屬，他都感到好奇。他的阿姨曾說過：「當一個像這樣的小孩問了這麼多問題，你卻答不上來時，實在很丟臉。」

十四歲，馬克士威就寫了第一篇科學論文，是某些像橢圓形曲線的幾何問題。評論人士立刻就注意到這位機敏的蘇格蘭少年，說他像年輕時的笛卡兒與牛頓。兩年後，他進入愛丁堡大學就讀，由於迷上了電磁學革命，他研究了厄司特、法拉第，以及其他先驅者在這個新興領域的研究成果。

一八五〇年，馬克士威到劍橋去，剛開始是學生，後來成了教授。之後，他在倫敦的國王學院和故鄉蘇格蘭的亞伯丁大學分別任教。（尤其後面這所大學最令他煩躁，他曾抱怨說：「沒人聽得懂我的任何笑話，當我發現有人來的時候，我就咬住自己的舌頭以免亂說話。」）他在電磁學上的偉大工作，是從劍橋開始的。

法拉第不太懂數學，馬克士威卻是數學奇才，對於微分方程式及抽象幾何觀念都能優遊其中。他在物理研究上用了一種新發展的數學，叫做向量分析。而且在必要的時候，他甚至可以擴充數學工具，或發展出新的數學。

就像克卜勒運用數學技巧，發現了藏在第谷天文數據裡的形式一樣，馬克士威也利用數學知識，找出法拉第在電磁研究裡潛藏的規則。一八五五年十二月，他在劍橋的哲學學會上發表了一個電磁學理論的開端研究，第一篇論文的標題是〈論法拉第力線〉。後來法拉第寫信給馬克士威，說：「我剛開始看到數學在這個主題上的力量，感到十分震驚，接著我注意到，數學與它搭配得非常美妙。」

接下來的二十年裡，馬克士威把所有理論發展完成。一八六一至一八六五年間，他發表了一系列的演說，提出四個現在以他的名字來

英國物理學家馬克士威，他的電磁學方程組掌握了所有電與磁的現象。

命名的方程式，也就是著名的「馬克士威方程組」，這些方程式描述了電磁之間的關係。一八七三年他發表了總結論《電磁學通論》，把所有已知的電和磁的現象，整合在一個簡單明瞭的理論架構裡。這是物理學第二次偉大的革命。就像伽利略和牛頓把天體與地球上的力學連接起來一樣，馬克士威指出電和磁，甚至是我們馬上要談到的光與光學，都有很密切的關係。就像傳記作家托爾斯泰所說的，馬克士威的理論「首先是集大成者，是科學史上最偉大的整合……整個電磁現象被奇蹟似地包含在幾行數學式子裡。」

因為馬克士威的電磁理論實在太重要了，所以掩蓋了他在科學上的其他成就。他對熱力學有很重要的貢獻，在氣體分子理論、彩色視力以及彩色攝影術上也都有所影響，此外他還帶領了土星環機制的第一次理論研究。馬克士威也試著寫詩，由他寫的很多詩裡，可以看出他是一個敏感、有才氣的生活觀察者。

雖然科學家大都認為，馬克士威是牛頓及愛因斯坦之外最偉大的物理學家，但他的名字一般人都不知道。馬克士威終其一生總是保持著謙虛、低調的私密生活，就像法拉第一樣，他總是避免公開活動，也避免接受公開的表揚。此外，他同樣也是虔誠的教徒。（關於科學與宗教的關係，我們在第八章將仔細探討。）可惜，馬克士威在四十八歲死於腹部惡性腫瘤，他母親也是在這個年紀死於同樣的疾病。

就有了光

我們已經看到，馬克士威把電和磁拉在一起，用一組理論來描述。而在這麼做的同時，他也解釋了一個長期以來困擾著物理學家的謎，那就是光的問題。就像空間與時間，光也是個很詭異的主題，剛開始的時候似乎沒有辦法對它做仔細的研究，它就像是我們宇宙基礎的一部分，看起來很基本，但是幾個世紀以來就是沒有辦法直接研究它。科學家好奇的是，光到底是怎麼組成的？

由於機械模型在很多物理學領域都非常成功，受到這種鼓舞，牛頓也以機械模型來描述光。他認為光線是由粒子構成的，由光源向外發射，例如太陽、火焰以及其他發光的物體。

池面的擾動。在這個例子裡，有兩塊小石頭被丟進池裡，兩組水波各自從中心向外擴散。光波與此類似，從光源向外擴散。

這個觀念說明了光的某些現象，但不是全部。另外，荷蘭科學家惠更斯（一六二九～一六九三年）卻認為光是一種波，就和大家熟悉的水波或聲波一樣。光的波動特性後來得到英國醫師兼科學家楊（一七七三～一八二九年），以及法國物理學家菲涅耳（一七八八～一八二三年）的實驗支持，他們研究了很多光學現象，但最重要的是，光會彼此干涉，就像圖示裡的水波那樣互相干涉。

到了馬克士威，他的電磁理論好像需要一種像波的東西，它們會在電磁場裡周期性震盪、自行傳播，這也就是所謂的**電磁波**。不僅如此，當我們對電和磁的某些特性做精確度量時，會得到這種電磁波向外傳遞的速率。結果你猜如何？在當時實驗的誤差範圍內，電磁波傳遞的速率居然和光速一樣。馬克士威寫道：「我們幾乎可以斷定，**光在橫斷面的震盪上，與產生電磁現象的介質是一樣的。**」

在當時，技術上還無法把可見光當成是電磁場的震盪結果，但是另外有個方法，可以知道馬克士威是不是對的。如果他是對的，那麼所有快速震盪的電場，即使頻率很低也能產生電磁波——不是可見光，而是一種波長更長、震盪強度更弱的波。馬克士威死後八年，一八八七年德國物理學家赫茲（一八五七～一八九四年）製造出一種波長較長，而且可以度量的**無線電波**，這是馬克士威理論最後的勝利。赫茲也證明了無線電波就像光波一樣，能反射也能折射，換句話說，光也是一種**電磁輻射**。就像法拉第的研究一樣，赫茲的發現很快就派上用場，十年內義大利物理學家兼發明家馬可尼（一八七四～一九三七年）就做出了第一具無線電報機，這就是收音機的前身。

十九世紀末，科學發展達到歷史高潮，整個人類社會充滿了樂觀、進取及快速發展的興奮情緒。感謝厄司特、法拉第以及馬克士威等人的工作，明顯為物理界帶來一片合諧的景象。但是這一片樂觀的榮景中也隱藏著一些缺陷，有些還相當嚴重，這些嚴重的缺陷很快就把物理學導向另一個新方向。不過，這並不影響我們為這段物理學上難以置信的黃金歲月感到歡欣，因為其中充滿了科學疑問、實驗以及發現。

電磁理論的發現，使我們朝著簡潔描述自然的目標，前進了一大步。馬克士威的工作更是傑出，他的成就可以和達爾文並列為該世紀最重要的科學進展。馬克士威著名的方程組，綜合了我們已知所有電和磁場的現象。事實上，藉由說明光是一種電磁波，他甚至把光學現象也併入方程組中，從光的反射和折射，到光的干涉效應，還包含光的衍生物：從X光到無線電波。當然，這些電波其實一直都存在著，只是隱而不見，直到一連串卓越的思想家，從厄司特到馬克士威，讓它們現身。至於T恤上的主題，很簡單：任何一個有物理或工程科系的大學，都可以賣你印有馬克士威方程組的T恤。

但是和馬克士威的理論本身比較起來，從它衍生出來的科技的演化，才是快速劇烈地改變了我們世界的功臣。電的應用如電燈、收音機、電視、電話、電腦網路、衛星通訊……等，這些演化出來的科技，才是構成我們生活型態的骨幹。我們很難想像沒有這些東西的世界會是什麼情況，而這一切都是從厄司特的演說開始的——發現流過導線的電流會使羅盤的指針偏轉。

這幾十年間，還有其他的改變：科學開始從感官的日常生活中退出了。當然重力、各種力學定律和它們無數的效果，還是隨時隨地明顯地伴隨著我們。如果你在梯子上一腳踩空，立刻就知道重力的厲害；不管在曲棍球場上擊球，或是把撞球檯中的九號球擊球入袋，都是牛頓運動定律活生生的示範。但是想要研究電和磁，則需要更複雜的工具。十九世紀結束的時候，科學不再只是處理那些我們看得見又摸得到的物體和運動。此刻，它變成一種更抽象的學門，不但需要特殊的知識和技術，在絕大多數的情況下，也需要高級的數學技巧。當它面對著有興趣的外行人時，科學成了科學家的獨門遊戲，一般民眾雖然還是能感覺到新發現的那種興奮，也能享受到新科技所帶來的好處，但是相關的細節卻只能交給專家。

沒有人能比接下來我們要提到的這個人，把這種改變弄得更具體化了。這個人同時具備了科學發現的精神與數學上的洞見，在二十世紀的前二十年，帶來了物理學的革命，他的名字與他的成就，幾乎與「不可解」是同義字。這個人就是愛因斯坦。我們在下一章將會看到，他的相對論幾乎是厄司特、法拉第和馬克士威工作的自然延伸。他把物理學帶到這些人無法想見的方向上，而他的目標與前述的那些人是一樣的——用最少的假設去解釋最多的現象。他將繼續追尋萬有理論。

第五章 相對論、空間與時間

愛因斯坦的革命

絕對、真實且精確的時間，就其本身且從本質來看，會穩定地流動，與任何外物無干。……絕對的空間，其本質與任何外物無干，永久保持同樣且靜止不動。

牛頓，一六八七年

今後，空間自我存在以及時間自我存在的想法，將消失在陰影裡，只剩下一種兩者聯合的情況能保持它的獨立性。

閔可夫斯基，一九〇八年

音樂家曼紐因在一九九九年去世，他曾說過：「如果我必須對二十世紀做個總結，我會說它為全人類帶來前所未有的希望，同時卻毀滅了所有的幻想與觀念。」在這個動盪的世紀裡，變化的程度大到以前根本無法想像。這是個矛盾的世紀，帶給我們一連串戰爭、種族滅絕、環境的破壞以及人口爆炸等難題；然而，它也帶給數百萬人自由及繁榮，給了我們科學與技術突破性的成果，讓我們對宇宙有全新而深入的了解。

這個新世界到底是什麼時候到來的？歷史學家霍布斯邦認為它開始於第一次世界大戰之前，他的主張反應在他的書名上：《極端的年代：一九一四～一九九一》。當然，其他學者則各自選了不同的起點：或許現代世界開始於史特拉汶斯基《春之祭》的不協調音程，這首曲子於一九一三年五月二十九日在巴黎劇院首演，幾乎引發一場聽眾的暴動；或者新世界是開始於一九〇七年的夏天，畢卡索展出他那震撼視覺的創作《亞維農姑娘》，畫面上有五位少女，肢體變形，充滿刺目的幾何線條。不過我會投一票給一件再早兩年發生的事件：一九〇五年六月三十日，一份德國的物理期刊登出了一篇論文，作者是在瑞士伯恩專利局工作的青年科學家。這是愛因斯坦相對論的第一篇文章，這篇文章永遠地改變了世界。

要想知道愛因斯坦的成就，為什麼會這麼深遠地影響我們對世界的觀點，必須先仔細地觀察十九世紀結束時物理學的狀態。牛頓的定律雖然已經過了兩百年，卻依然強而有力，但這些定律在某些應用上，卻遇到了問題。仔細思考一下萬有引力定律：宇宙裡的所有物體不管它們距離多遠，彼此之間都有互相吸引的力量。但這種力量是怎麼傳遞的？當你在雪地上拉雪橇，你必須一直和它保持接觸，或至少拉著一根綁在雪橇上的繩子，然而重力不知為什麼卻可以越過真空。舉例來說，太陽可以拉住地球，讓地球在軌道上旋轉，但兩者之間並沒有實質的接觸。牛頓的追隨者所能提出的最佳假設，是重力藉著一種奇異、不可見但是充滿宇宙的物質傳遞，他們把這種物質稱作「以太」。

當馬克士威在十九世紀提出電和磁的定律時，神祕的以太還存在物理學家的心中。從馬克士威的研究中，光被視為是一種電磁波，是電磁場震盪所產生的一系列波動，但光波顯然與水波及聲波大不相同。如果你丟塊石頭進水塘，水波會從石頭落水的中心點，向四面八方傳播；如果你拍拍手，聲波也會在空氣裡，以同樣的方式傳播。但是，如果沒有傳播的介質，這兩種波都不可能存在。水波需要水，聲波需要空氣。現在，光也是一種波，但它是透過什麼介質來傳遞的呢？物理學家再次把問題訴諸以太。

不過以太是很奇怪的物質，它應該充滿了整個宇宙，就連近乎真空的區域也不例外，畢竟太陽以及遙遠恆星的光，的確穿越太空深處接近真空的區域，才達到我們地球。另外，以太必須是看不見也沒有質量的，地球在穿過它而環繞太陽旋轉時，不能有阻力。（否則地球公轉的速度會慢下來，地球公轉的軌道會呈螺旋形，慢慢接近太陽。）但是，光對以太卻另有要求，為了要傳遞電磁波，以太必須有一種堅固的特性，就是物理學家說的「彈性固體」。換句話說，它必須極端堅硬，甚至比鋼鐵更堅硬。沒有人知道這種奇怪的物質是如何運作的，但是為了解釋光速之謎，以太似乎仍是必要的。為了了解最後這一點，我們必須檢驗一下對運動與速率的觀點。

愛因斯坦之前的相對性

在愛因斯坦以前，長久以來物理學家都了解運動是一種「相對的」概念，任何速率的度量必須參考其他物體，才有意義。有時這種模稜兩可的概念會引起混淆，就像任何一個搭過火車旅行的人都有過的經驗：當你的火車停在月台上的時候，你向窗外看去，發現了另一列火車。忽然之間，對方開始移動。但是且慢，真的是對方的火車開動了嗎？或者開動的，是你乘坐的火車呢？這個簡單的相對運動觀念，連古代的人都知道。紀元前一世紀，羅馬詩人維吉爾就曾在詩裡寫著：「我們的船從碼頭向前駛去，陸地與城市往後退去。」

在伽利略的時代，大家就已經知道，在計算速度的時候，必須同時考慮物體的速率及觀察者的速率。這裡有個簡單的例子：假設你在一列火車上，火車以每小時六十公里的速度向前行駛，而你向前投出一個棒球，球速是每小時八十公里。如果有位觀察者站在地上，對他而言，球速是每小時一百四十公里。很簡單是吧？只要把兩個速率加起來就行了。牛頓以這個原則，作為他運動定律的基礎。他認為空間與時間是絕對的，不會改變，而不同的物體在這個固定的背景裡，以不同的速率運動。在絕對空間與時間的襯托下，相對運動的觀念似乎是無從反駁的，它符合我們對這個世界認知的常識。事實上，兩百年來從來沒有人質疑過這個常識。

接下來，我們碰到了馬克士威，他的電磁方程組預測出光有個特殊的固定速率，大約是每秒三十萬公里——但這光速要相對於什麼東西？和以前一樣，只有一個答案比較有意義，就是光速相對於以太是個常速。如果是這樣的話，那麼地球通過以太的運動，應該會影響我們對於光速的度量。

第一個想要測出這種變化而進行實驗的，是美國科學家邁克生（一八五二～一九三一年）和莫立（一八三八～一九二三年）。他們的想法很簡單：如果地球以某種特別的方向運動通過以太，那麼光速會有某個時候與這個方向平行，其他時候則和這個方向垂直。由於和光速相比，地球的運動速率是很小的，因此造成的差異非常微小——不過邁克生與莫立的實驗裝置夠靈敏，足以測出這樣的差異。令人難以置信的是，他們找不出這種差異，地球的運動對光速完全沒有影響。為了要確定得到的結果，他們在一年之中不同的時間分別做實驗，在這些時候，地球在軌道上是朝著不同的方向運動的，但所得到的結果還是一樣：地球並沒有穿過以太運動的跡象。

十幾年間，情況就是這樣。雖然牛頓的重力理論與馬克士威的電磁理論似乎都要求以太的存在，但不論怎麼進行實驗都找不到以太的蹤跡。必須找到一個新的思考方式，才能打破僵局，我們很快就會看到問題是怎麼解決的。但首先我們要介紹這個提出新觀點的人——他很勇敢地質問當時大家都接受的物理現實觀點。

專利局裡的天才

愛因斯坦（一八七九～一九五五年）生於德國南部的城市烏姆。父親是個生意人，努力想靠著自己的小機械工廠賺錢維生；母親則是受過良好教育的女性，很喜歡彈鋼琴。愛因斯坦可能是從父親那兒遺傳到喜歡機械與小裝置的個性。在他四五歲的時候，父親給他看了一個磁羅盤——我們幾乎可以想像，當他思考著那控制羅盤的看不見的力量時，從他眼裡流露出來的喜悅。

愛因斯坦在校成績平平，他從一位家中友人帶回來的許多科普書裡學到的知識，可能和學校的一樣多。一次偶然的機會，他得到一本代數學的書，他很快就把所有問題做過一遍，甚至用自己的方法去證明畢氏定理。就像之前的伽利略一樣，他為幾何學及數學的必然性，深深著迷。

但是對愛因斯坦而言，找份工作卻是一項挑戰。他混過一陣臨時的教學工作，為了增加收入，他還兼做家庭教師。他的個人生活也處於一種緊張狀態：他和一位叫米列娃的小姐交往，但是雙方家長都反對他們在一起。米列娃是物理系的學生，愛因斯坦因為收入不夠兩個人開銷，遲遲不敢結婚，兩個人只好分別住在父母親家裡，後來米列娃還生了一個女孩，不得已只得送人領養。

一九〇二年，愛因斯坦終於在瑞士伯恩的專利局，得到一份技術檢驗員的正式工作，一切情況逐漸獲得改善。短短一年內，他對自己的財務情況終於有了信心，於是他向米列娃求婚。婚後，他們又生了兩個男孩。

愛因斯坦在專利局的工作，後來成為一種傳奇。這是一位不為人知的天才，懷才不遇的鮮明例子。從某些方面來看，這個說法還算是持平，它讓我們對這位年輕科學家，有個浪漫但是準確的想像。我們彷彿看到他每天埋首於大量的專利申請文件，晚上回到家裡，又拿起一些最新的理論物理論文來看；我們想像著他一手輕輕推著兒子的搖籃，另一隻手則翻動著物理期刊。但是如果說在專利局的工作，減緩了愛因斯坦在物理學研究上的進展，可能是錯的。事實上，有些學者認為事情正好相反——仔細檢驗申請專利的大量技術資料，考慮哪些可能成功，哪些會失敗，可能是磨練愛因斯坦腦子最有效率的方法。傳記作家弗爾辛就認為，「專利局的工作，和愛因斯坦最喜歡的物理問題探討，是相輔相成的。」身為一個專利局的檢驗員，他每天必須進行無數次的「頭腦實驗」。弗爾辛說，這加強了愛因斯坦以內心圖像及想像機制進行推論的能力。著名的物理學家惠勒把這個看法更推進了一步：除了專利檢驗員之外，誰能具備這樣的心智素養，能看出當代物理學上最大的錯誤？

在瑞士伯恩專利局工作的愛因斯坦。

日復一日，愛因斯坦從那些有發明能力的人那裡，提煉出各種不同事物的中心思想。誰能想出比這個更美妙的方法，讓人深入了解物理到底是什麼？怎麼運作？……是奇蹟嗎？如果不是專利局的檢驗員發現了相對論，而是由其他人發現的，那才真是奇蹟。比起每天必須一再從複雜的事物中，找出簡單法則的人，還有誰能從這些電磁學的雜物堆中提煉出〔觀念〕？

突然之間，愛因斯坦的才華開花結果了，頓時世人的創造力、驅動力和創造發明的智力都相形失色。在物理學史上，從來沒有一個人可以像他這樣，在這麼短的時間內，這麼快地完成這麼多項成就。雖然他的觀念已經醞釀了一段時間，但是到了所謂的「奇蹟年」——一九〇五年，才達到一個高峰。愛因斯坦在德國的《物理學年鑑》上發表了六篇論文。篇篇都是現代物理發展的傑作。

愛因斯坦的第一篇論文，談的是光與金屬的交互作用，也就是所謂的**光電效應**，它對量子理論這個新學門有關鍵性的貢獻，最後還為愛因斯坦贏得諾貝爾獎。（我們現在使用的攝錄影機、數位攝影機以及防止電梯門夾人的光線感測器，都是光電效應的發明與應用。）他的第二篇論文談的是分子尺寸，後來是物理界最常被引用的論文之一。第三篇及第六篇論文，處理「布朗運動」，是微小粒子懸浮在液體裡的運動現象。而真正動搖物理世界基礎的，則是他的第四與第五篇論文。愛因斯坦二十五歲的時候，開始提出他的**相對論**。

狹義相對論

這個原理……對我們現有的世界圖像，帶來革命性的衝擊。其程度之深、範圍之大，只有當年哥白尼世界系統之引進，差可比擬。

普朗克

愛因斯坦以一個很簡單的問題，開始建構他的相對論：如果你追得上一道光，你會看到什麼東西？根據牛頓學說的想像，你會看到光靜止不動；對光束而言，你與光之間的相對運動是零。但是馬克士威的理論與這項結論矛盾：他的方程組描述的光，是一種以周期振盪的波，而一束「靜止的光波」是沒有意義的。在一九〇五年六月三十日的論文裡，愛因斯坦解決了這個窘境，他論文的標題是〈論運動物體的電動力學〉。（由於這篇論文只處理以等速運動的物體，後來被稱為**狹義相對論**。之後愛因斯坦又把他的理論擴大，成為更完整的**廣義相對論**。）

愛因斯坦解決問題的方法非常簡單，也令人驚訝。他聲稱光的常數並不是光在以太中傳遞的一種副產品，甚至可以不必假設以太的存在；他認為光的常速，根本就是我們宇宙的基本性質。換句話說，他假設光速永遠是一樣的，與觀察者的運動無關。此外，他又增加了第二項非常簡單，但也非常重要的假設：愛因斯坦認為，對兩個觀察者而言，物理定律必須是一樣的，不管他們彼此之間的相對運動有多快。這也是為什麼速度追上光速顯得毫無意義，因為這意味著馬克士威方程組只對靜止的觀察者有效，但對於以高速運動的觀察者是無效的。如此一來，就表示有些觀察者比較有特權，他們的觀察比較接近真實——這種說法連伽利略都知道是荒謬的。

愛因斯坦對相對運動的看法，根據狹義相對論的兩項假設，產生了一些令人吃驚的新效果。為了得到一個比較清楚的圖像，我們再回頭看看前面提過的火車實驗，但這次我們不丟棒球，而是朝火車前進的方向以手電筒發出一束光。從火車上，我們量到的光速是每秒三十萬公里，那麼，在地面上的觀察者會看到什麼？以過去牛頓的說法，光會被火車給加速，因此，我們應該把光速加上火車的速率。這聽起來似乎有道理，但愛因斯坦卻指出這是錯的——無論我們如何加速光，它永遠是以每秒三十萬公里的速率前進。

當然，和一般火車的速率比起來，光速實在是太快了，因此即使加上車速也不會有什麼差別，就算在過去牛頓學說的想像裡，也是這個樣子。但若是火車的速率變得很快，假設可以達到光速的一半，就是每秒鐘十五萬公里，那麼牛頓學說的追隨者會認為，對地面的觀察者而言，此時光速會是兩個速率的加總，也就是每秒鐘四十五萬公里。但是依相對論，地上的觀察者看到的光束，速率**依然**是每秒三十萬公里。不管你的運動速率多快或多慢，**你度量所得到的光速，永遠是每秒三十萬公里**。意思是說，不可能超過光速——事實上，這是我們宇宙速率的最高限制。

但是，光速的常數只是個開始。記不記得，速率的表達是距離除以時間，例如「每小時多少公里」。如果光速不受運動的影響，那麼**受影響的必然是空間與時間**，這是愛因斯坦驚人的預測。在伽利略與牛頓過去描述的想像裡，速率是相對的，而空間與時間則是固定不變的；但是在新的想像裡，唯一固定不變的是光速，因此，**空間與時間必定是相對的**。

我們再回到火車移動的例子，去看看當車速增加時，對時間的度量會有什麼影響。我們需要兩個人，一個在火車上，一個在地上，假設火車上的乘客叫愛麗絲，而地上的觀察者叫柏妮絲。因為光速是固定的，愛麗絲可以利用一束光，在火車上製作一個簡單的計時器。假設我們在車廂頂部及地面各放一面鏡子（如左頁的圖示(a)），光束在兩面鏡子之間來回一次，當作一個時間單位「滴答」。

如果火車沒有移動，愛麗絲與柏妮絲所看到的光束周期是一樣的，對他們而言，時間以同樣的速度在運作。現在，假設火車以接近光束前進，愛麗絲坐在火車上，和鏡子一起移動，因此對她來說，時間的律動還是和以前一樣。但是，從地上看，情形就和先前差很多了：柏妮絲所看見的光束，是沿著斜線前進的（如左頁的圖示(b)）。顯然，光線在完成一次滴答之間，所走的距離變長了。但是根據愛因斯坦的說法，此時的光速依然不變，也就是說，每次「滴答」的時間變長了。因此柏妮絲會說，愛麗絲的計時器變慢了。但是就愛麗絲的觀點，會得到相反的結論。如果地面有個同樣的鏡面鐘，她會看到地面的**那些**光束走斜線，因此認為地上的鐘慢了。而令人難以置信的是，他們兩人都沒錯。沒有人能更主張自己的時間是「正確」的。

這種時鐘變慢的效應，物理學家稱為**時間膨脹**，只是狹義相對論一種詭異的結果。在我們的火車實驗裡，愛因斯坦的理論也預測，地上的觀察者將看到火車以及車上所有物體的長度都縮短，這種效應稱為**長度收縮**。當然，這種效應只發生在運動的方向，因此柏妮絲會看到愛麗絲變扁了，但是她的高度和寬度並沒有改變。同樣的，這種情況也是對稱的，愛麗絲會說自己沒有變，是柏妮絲變扁了。

愛因斯坦也指出，對外面的觀察者而言，以接近光速運動的物體，質量會增加。這種**質量增加**的效應很難用簡單的圖形來表示，但它與時間膨脹及長度收縮同樣重要。除此之外，它也說明了為何光速是宇宙中的最高速限。假設你在一艘以接近光速前進的太空船裡，你以為：「我只要再努力加速

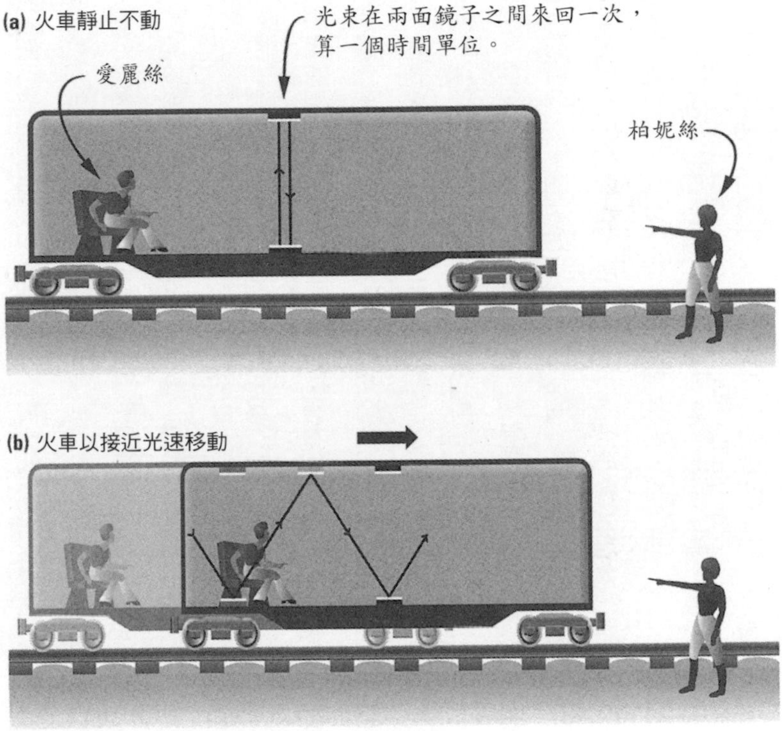

(a) 火車靜止不動：光束在兩面鏡子之間來回一次，算一個時間單位。愛麗絲在火車上，柏妮絲在地上。當火車不動，他們量到的時間是一樣的。

(b) 當火車以接近光速移動：柏妮絲看到的光束是沿斜線前進的，由於光速固定不變，她量到的光脈動走了比較遠的距離。因此，火車上的鐘是「慢了」。柏妮絲還會看到火車以及車上所有的東西都變短了，不過只在移動的方向上。

一些，就能超越這個令人討厭的速率極限了。」但是你其實是做不到的，因為要使太空船移動得更快，你必須使用能量；而太空船愈重，你需要的能量就愈多。依照愛因斯坦的狹義相對論，你的速率增加，質量也跟著增加，因此你需要愈來愈多的能量來提高速率，於是你永遠達不到。如果你到達光速，對一個外在的觀察者而言，你的太空船質量將變為無限大，而你必須有無限多的能量才辦得到。就像物理學家喜歡開的玩笑：以低於光速來飛行。這不僅是個好主意，也是定律。

愛因斯坦對空間與時間的描述完全違反直覺，令人震驚，但這是因為我們生活的世界裡，各種運動的速率和光速相比都微不足道，所以我們才會有這種直覺。在日常生活裡，狹義相對論的效應非常小。舉例來說，假設一輛普通汽車以每小時八十公里的速率前進，它所產生的長度縮減，大約只相當於原子核的直徑，這實在是小到讓人無法注意。就算是阿波羅太空任務中，太空人以每小時四萬公里的速率飛向月球，這個速率也不到光速的萬分之一。

但如果一個火箭的速率能接近光速，相對論的效應就會變得很明顯，速率到達光速的一半時，長度會縮短大約百分之十四，如果達到光速的十分之九，長度則剩不到一半。（同樣的，太空船上的乘客並不會覺得船裡的東西有什麼不同，可是他們會發現太空船**外面**的東西都變短了。）船上的鐘會慢下來，而火箭的質量也會以同樣的比例增加。

在相對論的考量下，甚至連速率相加這種簡單的問題，也必須重新計算。回想一下我們在火車上丟棒球的例子：以地上的觀察者而言，此時的球速等於火車的速率加上球的速率；但如果火車速率很快，快到接近光速，上述的簡單公式就不適用。愛因斯坦找到了正確的速率公式，它也支持光速是宇宙最高速率限制的假設。不管兩個速率有多快，它們相加起來的結果，絕對不會超過光速。

即使到了今天，很多人仍為愛因斯坦的理論感到困惑，畢竟它和我們的常識差距太大了。因此有人就自我安慰說，沒關係，相對論或許描述了空間與時間**看起來**怎麼樣，但其實並沒有告訴我們空間與時間**究竟是什麼**。懷疑者表示，那些時鐘看起來可能走得慢，那些直尺看起來可能縮短，但這其實只是一種幻象，對不對？不對！雖然在愛因斯坦的論文發表了二十五年之後，我們才有機會直接測試時間膨脹、長度縮減及質量增加這些狹義相對論的現象，但實驗的結果完全符合狹義相對論的預測。例如在加速器裡，質子可以加速到非常高的速率，使它的質量增加了四百倍。一九七一年，我們把非常準確的原子鐘，裝上商用的噴射客機環繞地球飛行來測試相對論。之後，把飛機上的原子鐘和地上的原子鐘比較，它們之間的誤差與狹義相對論所預測的完全一樣。為了測試狹義相對論而進行的每一個實驗，都證實了愛因斯坦的預測。

在愛麗絲與柏妮絲的例子裡，使用簡單光束和鏡子的計時器，只是要給我們一個很清楚的想像圖，說明時間膨脹的效應。但是由於相對論會對運動產生影響，所以任何定期重複的物理系統，也就是任何計時系統，都會受到同樣的影響。甚至當我們在高速運動時，生理時鐘也會受到同樣的影響。這種效應的最好結論是：**受到相對論支配的是時間與空間本身，我們的時鐘與直尺只是搭上便車，跟著扭曲而已**。

一九〇五年六月發表的論文，並不是愛因斯坦在相對論上的最後論述。九月二十八日，《物理學年鑑》又刊出了三頁後續論文，談到質量與能量之間的關係。愛因斯坦指出，這兩者其實是可以互相轉換的，而它們之間的關係就是 $E = mc^2$。這個公式，現在成為全世界最有名的公式，其中 E 代表能量，m代表質量，而c則代表光速的常數。愛因斯坦指出，不但運動的物體帶著能量（就是所謂的「動能」，是牛頓提出來的觀念），就連靜止的物體也帶著能量，「隱藏」在它的質量裡。這份隱藏的能量，稱為物體的**靜止能量**，可以利用愛因斯坦的公式計算出來。由於光速實在太大了，就連很小的質量也有非常大的靜止能量。和一般人所想的相反，任何質量轉變成能量，不管是經由傳統的化學反應或是經由核子反應，都會有部分的靜止能量被釋放出來，但在絕大部分的例子裡，反應前後的質量差異實在小到無法引起注意。不過在核能電廠裡，相對有較多的質量被轉變成能量，因此能夠產生大量的電力；而在核子爆炸時，這種能量的釋放是立即的，因此效果很恐怖。這個轉換也可以逆轉過來：在加速器裡，我們輸入巨大的能量，就能創造出一些新的粒子或物質。

愛因斯坦的公式實在太出名了，因此有人認為它是某種「終極公式」。雖然$E=mc^2$描述了很多現象，也把物質與能量結合在一起。但在物理整體的統一工作上，它只是一小步而已。就算在狹義相對論裡，它既不是愛因斯坦最大的突破，也不是最重要的觀點。（把時間與空間結合在一起的理論當然也一樣重要。）當然，$E=mc^2$也沒有什麼好挑剔的，它說明了使太陽與其他恆星發出光與熱的核熔爐，也解釋了超新星的爆炸，而這種爆炸把數十種化學元素撒向全宇宙，其中包括生命需要的各種元素——這個公式的確值得享有盛名。

愛因斯坦從未表示他的狹義相對論是革命性的成就。在他眼中，這不過是電磁理論的延伸，是從法拉第、馬克士威和赫茲等人的成就得來的。事實上，它也的確是，只是這樣的延伸並不是尋常的思想家做得到的。愛因斯坦的原創性，可以從他發表在《物理學年鑑》的第一篇相對論的論文中看出來，這篇論文總共有三十一頁，但是沒有任何參考文獻。也就是說，除了他自己的觀念之外，這篇文章不需要引用任何前人的研究成果。對那些能欣賞愛因斯坦觀點的人來說，相對論不僅令人折服，還是個美麗的成就。正如傳記作家弗爾辛說的，那些最早支持相對論的人，「並不是因為它有多麼令人信服的實驗結果，大部分物理學家欣賞的是它格言般的、基本的特性，以及美。」在相對論發展了數十年之後，科普作家賈德森以富有詩意的話來評判這個理論：「自從相對論發揮它的力量之後，科學論文就不再像它那麼有詩意，那麼戲劇化，那麼富有音樂性，使得那些盡力去理解它的人，心靈喜悅得顫抖。」

廣義相對論

> 我沒有時間動筆，我被真正重要的事情占據了。夜以繼日，我絞盡腦汁，希望能更深入地看清楚……物理的基本問題。
>
> 愛因斯坦，給他表妹艾爾莎的信

愛因斯坦對狹義相對論並不滿意，他知道這些理論只處理了部分運動狀態（具體而言是等速運動），因此還不夠完整，而且這部分的理論完全忽略了重力。擴大理論的問題困擾了他兩年，到了一九〇七年，他忽然「福至心靈」，光憑想像力就看出加速度和重力之間深層的關係。十五年後，在日本京都大學的一場演說，愛因斯坦敘述了當時自己的真實想法：

有一天，忽然有了突破，當時我坐在伯恩專利辦公室的椅子上，突然想到：如果一個人自由地向下墜落，他不會感覺到自己的重量。於是我豁然開朗。這個簡單的思考實驗，讓我有很深的體會，我開始思考有關重力的理論。

愛因斯坦的重大突破，讓他把加速度與重力的觀念相連接，加速度也就是一個人自由落下的運動，而重力則是讓我們感覺到「重量」的力。每當我們搭電梯就能體會這種關聯。當電梯向上，也就是往上加速，我們會覺得自己的體重似乎瞬間增加了；當電梯向下，有一剎那你會覺得自己變輕了。在我們搭乘汽車、火車或飛機時，如果它們突然加速或減速，我們也會有相同的感覺。現在，飛機的駕駛員與太空人，甚至把他們在加速時碰到的作用力，稱為「G力」。所謂的「一G」指的是在地球表面所承受的重力大小，「二G」則是兩倍的力量，以此類推。這種術語本身就把加速度運動和重力結合在一起了。也許我們現在覺得這種關係很明顯，但愛因斯坦腦子裡所想的，不僅是這個明顯的關係而已，他還必須推演出這種關係的數學結果。透過純粹的思考，愛因斯坦發現了解開重力謎團的鑰匙。後來他說：「這是我一生中最幸運的想法。」

但是重力與加速度的連接只是個開始，愛因斯坦必須找出一個數學定律，說明物體在重力場裡如何運動。（他的工作與一六六〇年代的牛頓類似，牛頓首先想到蘋果的落下與月球在軌道上的運動有關，之後推演出重力的平方反比定律。）愛因斯坦的研究需要有強大的分析能力，尤其是在數學上的洞察力。

為了研究有關重力的想法，愛因斯坦需要複雜的新數學工具。而德國數學家黎曼（一八二六～

一八六六年）正好在幾十年前發明了一種愛因斯坦可以用得上的數學。這個系統稱為黎曼幾何，它描述一種「彎曲」空間的行為，比起愛因斯坦以前學的幾何彈性更大——以前的幾何只能用在「平面」上。（可惜黎曼在三十九歲時死於肺結核，不知道他留給世人的這些公式，讓愛因斯坦創造出如此豐碩的成果。）

愛因斯坦大約花了十年功夫，思考重力與彎曲空間的幾何學問題，在此同時，他也開始考慮換一個比較好的工作。一九〇九年，他辭掉瑞士專利局的工作，先後在蘇黎世和布拉格教書。一九一三年，他獲選進入很有名的普魯士科學院，並成為柏林大學的教授。他帶著太太和兩個孩子搬到柏林，但不久就和太太分居。儘管發生了這些事，他還是夜以繼日建構他的方程式。愛因斯坦曾對同事說：「我一輩子從來沒有像現在這麼費力工作，現在我對數學充滿了敬意。對我這種心思單純的人來說，想要處理這麼難以捉摸的部分，現在簡直是奢求。和現在這個問題比起來，原來的相對論簡直就像是小孩子的玩意兒。」

最後到了一九一五年秋天，愛因斯坦終於成功拼完他的重力拼圖。他完成了一個比較廣泛的架構，不但包含了先前的狹義相對論，還把加速度運動和重力都涵蓋進來。這個新的成果後來變成我們所知的廣義相對論，或者稱為一般相對論。到了這一年的十二月，愛因斯坦很開心地說：「這個理論美得無與倫比。」

我們在此不去管廣義相對論的數學細節，即使時至今日，研究所以下的物理系大學生還很少教這一段，但是這個理論的本質其實很容易了解。對牛頓而言，重力是一種超距力，可以作用在遙遠的物體上；但是對愛因斯坦來說，重力是空間的扭曲。在此我們用一個比擬來加以說明。假設有一塊厚厚的橡膠板，我們在上面滾動一顆彈珠，它會以直線前進（如左頁圖(a)）。現在，假設在橡膠板中心放一顆保齡球，這顆保齡球一放上去，附近區域的橡膠板立刻就扭曲了。我們依照相同的方向再滾動一顆彈珠，它的路徑會彎曲，因為板子已經扭曲了（如左頁圖(b)）。愛因斯坦所揭示的，就是我們對重力應有的想像。太陽就是透過這種空間的扭曲，維持地球在軌道上運行，地球也同樣以重力抓住月球。在愛因斯坦的世界裡，物質使宇宙的結構扭曲了，這種扭曲就是我們感知到的重力。

愛因斯坦與牛頓對宇宙想像的實質差別，只有在強大重力場的附近區域而已，在我們的太陽系裡，兩者的差別幾乎難以辨認。只有一個地方兩者的差異大到吸引天文學家的注意。從一八〇〇年代中期開始，天文學家就發現太陽系裡最接近太陽的行星——水星，其運動軌道並不完全精確地遵守牛頓定律。如同我們先前看到的，牛頓的萬有引力定律說行星的軌道是橢圓形的。水星以八十八天的周期繞太陽一圈，但它並不是完美的橢圓形，它每繞太陽一圈，軌道就會偏移一點，慢慢地就形成一種雛菊花瓣式的圖形。這個效應很微小，被天文學家稱為**歲差**；每一世紀的歲差累積起來，還不到一度的百分之一。但是對牛頓的信徒而言，這個現象很難解釋。愛因斯坦廣義相對論的公式，終於說明了水星的怪異軌道，其歲差大小正好也符合愛因斯坦預測的值。愛因斯坦寫信給同事說：「好幾次，我興奮得不能自已，這個結果讓我非常滿意。」他的理論並不只是空洞的數學推理，至少它解釋了一項天文學存在很久的問題，此刻他已經準備好把廣義相對論告訴全世界。

一九一五年十一月，他在柏林的普魯士科學院作了一系列的演說，介紹他的理論；隔年，他終於把論文寫好，刊登在《物理學年鑑》上。那些能夠懂得愛因斯坦成就的人，無不對他感到敬畏。正如傳記作家弗爾辛所寫的：「在研究大自然這件事情上，愛因斯坦已經達到一個新境界，從此他就被當成空前絕後的偶像來尊敬。」

廣義相對論的原創性又如何？歷史學家常常猜想，如果愛因斯坦沒有發展出早期的狹義相對論，當代總有其他科學家遲早會發現它。至於廣義相對論，大家的共識是，這的確是「愛因斯坦的孩子」。這位寂寞的天才對宇宙的結構，看得比當代任何人都更深入。

解釋了反常的水星軌道後，廣義相對論開始嶄露頭角。不過解釋一個已知的現象是一回事，但懷疑論者所要求的卻是預測某些新現象——這樣根據後續的觀察，就能決定應該支持或反對這個理論。（我們不能忘記，在發展廣義相對論的時候，愛因斯坦已經知道必須把水星軌道的現象納入考慮。換句話說，他已經知道自己該得到什麼答案，就像我們在做物理測驗時，如果書本後面有標準答案，做答起來總是容易得多。）

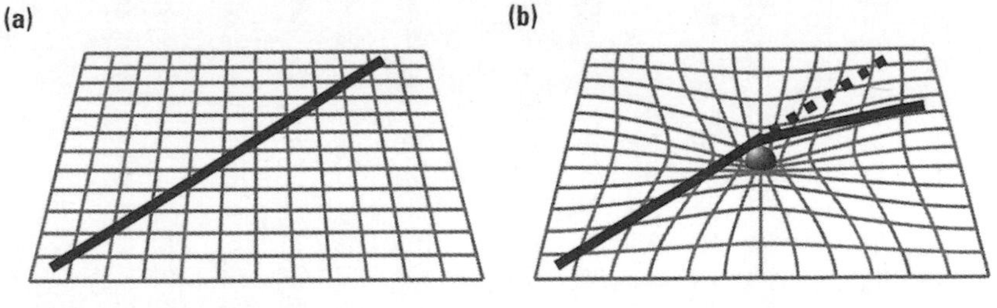

(a) 彈珠滾過一張平的橡膠板，路徑是一條直線。就像光線通過「平面」空間，呈一條直線。

(b) 但是巨大的質量會扭曲附近的空間，就像保齡球扭曲了橡膠板。在這個彎曲的空間裡，彈珠滾動的路徑是彎曲的——就像遠方星星發出來的光，經過太陽附近會彎曲一樣。

愛因斯坦與日蝕

在廣義相對論發表將近十年時，一場更戲劇化的測試將考驗這個理論的正確性。根據理論，太陽會扭曲它所在的空間，使得通過它旁邊的光線彎曲。換句話說，如果從地球看星星，而太陽正好通過這顆星星的正前方，那麼這顆星星的位置看起來會有些偏移。一般情況下，會因為太陽太亮而無法進行觀察；但如果碰上日全蝕，陽光會被月亮完全遮閉，這麼一來就可以進行實驗了。這件事說起來容易，做起來可不簡單。日全蝕發生的機會有限，即使發生，地球表面可以觀察的位置也只有一條狹長的地帶。一九一二年，南非發生了日全蝕，但是惡劣的天氣阻礙了觀察；一九一四年，黑海地區又有日全蝕，卻碰上第一次世界大戰，沒有人有心情做實驗。

終於，一九一九年五月二十九日發生在南大西洋的日全蝕，讓科學家有機會檢測愛因斯坦的理論預測。英國派出兩隊天文學家，一隊到非洲中部海岸，一隊到巴西，一連好幾個月在當地拍攝星空，並且度量這些微弱星星的位置。最後，兩隊人馬在十一月六日，於倫敦的皇家學會和皇家天文學會開會討論，提出結果。他們的結論是：愛因斯坦是對的，光線的偏移量完全符合理論的預測。對於這種稍微貶抑牛頓的結果，英國科學家是有些不甘心的，但科學家還是同意，廣義相對論代表著對重力更完整的了解。皇家學會的主席湯姆森說：「這是人類思想的最高成就之一。」

回到柏林，愛因斯坦顯得平靜而自信，他從不懷疑自己的結論。有學生問他，如果日蝕測量不符合他的理論怎麼辦，他回答道：「如果這樣的話，我會為上帝感到遺憾，因為理論本身是正確的。」

當媒體報導了倫敦結論之後，愛因斯坦立刻躋身世界舞台，雖然他一直表現得很勉強，但自此之後終其一生他都是名人。當然在此之前，愛因斯坦在德語系國家早已成名，但是在倫敦會議之後，他立刻成為超級巨星。一九一九年十一月七日，《泰晤士報》的頭條新聞標題就是：〈科學革命〉〈牛頓的觀念過時了〉。三天之後，美國《紐約時報》似乎更加興奮：〈天空的光線都是歪歪斜斜的〉以及〈科學界為日蝕的觀察結果雀躍不已〉。愛因斯坦的方程式後來還在倫敦百貨公司的櫥窗展示，但對購物者來說，那些數學與符號並沒有什麼意義。

不僅在柏林和倫敦，愛因斯坦變成了全世界巷議街談的主題。一九二〇年，他寫信給朋友說：「目前，連馬車夫和服務生都在爭辯相對論究竟是否正確。」觀光客跑進大學教室，坐在前排聽他上課——當然聽不懂愛因斯坦在說些什麼，所以通常沒隔幾分鐘就離開了。從加州到日本，愛因斯坦所到之處，民眾都熱烈地歡迎他。

這下諾貝爾獎似乎也不得不頒了，負責該獎項的瑞典皇家科學院有點進退兩難。傳記學家弗爾辛指出，皇家學院必須了解頒獎的主題，但是相對論還是太有爭議了。後來，學院以愛因斯坦在光電效應方面的研究為主題頒獎給他，這是愛因斯坦在一九〇五年的論文。弗爾辛說：「這個作法解決了瑞典皇家科學院的困境。當時他們需要愛因斯坦當得獎人的迫切，勝過愛因斯坦需要這個獎。」當然，這份獎金還是相當可觀，愛因斯坦把它給了前妻，做為離婚協議的一部分。

不管懂不懂愛因斯坦的研究，大眾對這位新科學巨星的事情都非常有興趣。在倫敦，《泰晤士報》的編輯承認，他們「無法完全確定地宣稱他們理解新理論的所有細節和意義」，儘管當時頂尖的物理學家認為：「把相對論的意義說清楚，並沒有什麼困難。」在日蝕實驗結果公布後一年內，市面上出現了百本以上討論相對論的書。著名雜誌《科學美國人》曾提供五千美元的獎金，給相對論的最佳通俗讀物；愛因斯坦曾經開玩笑，說他是全世界唯一對這個獎沒有興趣的人。愛因斯坦也曾經為全世界頂尖的報紙，就相對論寫過文章，還出過一本科普書《相對論入門：狹義和廣義相對論》，這本書至今還在印。漸漸地，大眾對愛因斯坦的反應轉變了，他們不再注意理論本身，反倒把理解它當成一項挑戰，也因此讓相對論多了一股神祕的吸引力。

愛因斯坦「寂寞老歌」似的晚年

愛因斯坦一直不習慣鎂光燈，但身為公眾人物，媒體的圍繞已經成為他生活的一部分，他只好試著忽略他們。一九一九年，他和表妹艾爾莎結婚，艾爾莎一直陪伴著他，直到十七年之後艾爾莎去世為止。納粹一九三三年掌權之後，他們夫婦離開柏林，愛因斯坦也放棄了德國籍。後來他到了美國紐澤西，任職於新成立的普林斯頓高等研究所。他一生中都積極參與政治活動，支持以色列，並擔任新和平主義運動的名義領袖。儘管他憎恨戰爭，愛因斯坦還是寫信給美國羅斯福總統，敦促美國趕在德國之前發展出原子彈。（不過愛因斯坦本人從來沒有直接參與發展原子彈的曼哈頓計畫。）

完成廣義相對論之後，愛因斯坦開始研究物理學最困難的問題，其中也包括統一理論。在他人生的最後十年裡，他一直想要統一重力與電磁力，完全不管主流物理學已經朝不同的方向前進。對於二十世紀物理學的其他偉大發展，如量子理論，愛因斯坦並不喜歡。儘管在二十世紀中，量子理論已經為後來熱烈發展的原子及核子物理，鋪好了路。

在最後幾年，同事們都把愛因斯坦當成博物館似的人物，一個帶著許多老觀念的老人。愛因斯坦也知道自己被排除在主流物理學之外，但他頗能自適，他說自己寧可唱「寂寞的老歌」也不想去追逐新的潮流。就如傳記作家弗爾辛所寫的：「即使是深深讚美愛因斯坦的人也承認，在大師最後的三十年裡，大約從一九二六年起，就沒有參與主流物理學的主要活動了，但物理學的發展並未因此而慢了下來。」愛因斯坦死於一九五五年春天，經過簡單的儀式之後，遺體就火化了。

時間扭曲，黑洞與重力波

在愛因斯坦生前，廣義相對論通過兩次考驗：它解釋了水星的怪異軌道現象，也預測光線在通過太陽附近時會被彎曲——這件事在一九一九年的日全蝕時被證實。但是四十年過去了，它的另一項預測卻還沒有得到證實。

廣義相對論裡有一項更令人腦袋打結的預測，這個預測是說物質不但會扭曲空間，也能扭曲時間。當然，這項效果很難看得見，但它的意思是說，兩個完全一樣的時鐘，一個在很強的重力場裡，另一個在弱的重力場裡，前面那個時鐘會走得比較慢。舉例來說，在山腳下受到的地球重力比山頂上強，因此山腳下的時鐘會稍微走得比山頂上的慢。由於這個效應非常小，愛因斯坦有生之年還無法加以確認，不過目前，已經被很多不同的方法證實了。

廣義相對論的預測中，最值得注意的是存在一種極端的狀態，在這種狀態中，時間與空間被扭曲得太厲害了，簡直就像是從這個宇宙被切了出去一樣。感謝科幻小說的作者與《星際大戰》的無數部曲，幾乎每個人都聽過這種情況。我現在說的，當然就是**黑洞**啦。根據廣義相對論，當很大量的質量被局限在一個很小的空間裡，就能夠形成黑洞。例如，當一顆很大的恆星在耗盡它的核子燃料之後，就會崩潰，向中心塌陷下去。如果恆星很大，塌陷之後形成的核心會有非常強大的重力場，沒有任何東西能逃出這個核心，包括光線在內。

從定義來說，這種東西是「黑」的，不可能直接看見，然而現在有一些實際的例子證實黑洞的存在。最初的研究是有些正常的恆星，好像在繞著什麼巨大而看不見的東西運動。最近，天文學家探測到一種螺旋型加速的東西，彷彿正被黑洞「吞噬」似的。這個掉進黑洞裡的東西，在消失之前會放出測得到的X射線。有愈來愈多的證據顯示，在大多數的銀河中心附近，都潛伏著這種超巨大的黑洞，連我們的銀河也不例外。目前很多物理學家懷疑，巨大黑洞可能是宇宙中最古老、最重要的東西，它們身處銀河，卻也可能引導著銀河的演化。

廣義相對論的另一項新穎的預測，直到現在才能測試。根據愛因斯坦的理論，質量巨大的物質移動時，應該會放射出一種輻射。就像馬克士威說電荷加速的時候會放出電磁波一樣，愛因斯坦指出，物質加速的時候應該會放出**重力波**，當這種波通過時應該會使空間交互伸展與收縮。但是因為重力非常地微弱，使得重力波難以捉摸，到目前為止，我們還未曾直接量過。不過在宇宙深處，那些大量拋出質量的物體，應該會發出很強的重力波，強到我們或許可以在地球上量得到，例如兩個互相快速旋轉的黑洞，或者極大的物質相碰撞，如白矮星或中子星。最近有一些複雜的設備即將開始運作，科學家希望能透過它們測得這種波。

不過，已經有強大的證據顯示重力波存在。從一九七〇年代的中期開始，美國天體物理學家泰勒與哈爾斯仔細觀察一種雙子脈衝星的系統。它們是一對互相旋轉的恆星，體積很小而密度極高。根據廣義相對論，這種系統將以重力波的形式放出能量，而由於能量的損失，兩個恆星在軌道上旋轉的速率會慢下來。度量顯示，這對恆星確實以理論預測率在損失能量。一九九三年泰勒與哈爾斯因此共同得到諾貝爾獎。

相對論與宇宙

辛格，九歲：宇宙在膨脹。宇宙是一切，如果它在膨脹，有一天它會四分五裂，屆時一切就完了。

辛格母親：那干你什麼事？你是在布魯克林區，布魯克林區又不會膨脹！

引自伍迪艾倫的《安妮霍爾》

還有一樣東西也受到廣義相對論的支配，但我們還沒有討論：那就是宇宙本身。由於重力是宇宙裡的主要力量，因此**宇宙論**的研究——努力去了解宇宙的起源及演變——當然是建立在廣義相對論的架構上。

愛因斯坦在完成廣義相對論的方程式之後，很快就了解它對宇宙學的重要性。但是在當時，我們對宇宙的結構所知有限，而愛因斯坦對宇宙有他自己的偏見，所以他犯了一些錯誤。相對論的方程式顯示，宇宙是變動的，不是在擴張就是在收縮，並不允許「穩定」的宇宙存在。但是愛因斯坦對此不以為然，因此他引進一項「誤差係數」進入方程式，並且把這項係數稱為**宇宙常數**，目的在使宇宙保持穩定。但是在一九二九年，美國天文學家哈伯有一項重要的發現。他在研究了來自遙遠銀河的光之後，發覺這些星星都在倒退；事實上，距離愈遠的銀河倒退得愈快。宇宙真的在膨脹！當愛因斯坦知道這個發現之後，立刻後悔引入這個宇宙常數，聲稱這是自己生平所犯的「最大錯誤」。

如果宇宙在膨脹，那麼在過去的某個時候，這些銀河彼此之間一定近得多。事實上，如果往回推的時間夠長久，我們會到達某個階段，當時的宇宙一定比今天的小很多，也熱很多。科學家認為，宇宙是由一個密度與溫度都極高的火球開始的，之後就一直膨脹，溫度也一直降低，這就是「大霹靂」宇宙模型。一九六五年，大霹靂模型得到進一步的證實，天文學家發現宇宙中瀰漫著一種微波輻射，是最初的火球產生的，它是大霹靂本身的遙遠回音。大霹靂模型已經成為現代宇宙論的基礎，天文學家相信它大約發生於一百四十億年前，他們現在忙的，是確定這個模型的其他參數，像宇宙的密度以及膨脹率。

有項很諷刺的轉變是，愛因斯坦的宇宙常數可能有機會敗部復活。科學家仔細觀察遙遠的銀河，發現它們不只一直向地球以外的方向離開，而且還不斷地加速。當重力把物質拉在一起，有股神祕的力量卻產生反作用，把銀河互相推開。到目前為止，我們對這段力量尚無所知。或許愛因斯坦捏造的係數是正確的，也許真有一個宇宙常數，它對宇宙演化的影響與重力同樣重要。

愛因斯坦不僅尋找物理的統一理論，還將探索的過程具體化。他努力尋找一個偉大而廣泛的理論來統一物理現象，即使這項尋找最後令他感到挫敗，他的故事還是感動了所有人。對愛因斯坦來說，用不同的理論去描述不同的現象是沒什麼意義的。他想要並積極尋找的是一個簡單、統一的理論。他曾寫道，自己在相對論上的工作只是開始的一小步，目的是朝向「更接近所有科學的偉大目標邁進，這個目標是利用數目最少的假設或公理，運用邏輯的推演，去涵蓋最多的經驗事實。」

愛因斯坦利用狹義相對論，將時間與空間整合在一起，並指出質量與能量其實是一體兩面。我們或許會想把 $E = mc^2$ 這個有名的公式放在T恤上，但是它所代表的成就太狹隘了，因為這個公式是來自狹義相對論，而這只是個開始而已。愛因斯坦的主要成就其實是廣義相對論，而這才是重力與空間幾何極為重要的連繫。因此，如果要放在T恤上，應該選廣義相對論的方程式。若想要把這個觀念所牽涉的數學加以具體化，我們可以把一一九頁上有保齡球橡膠板的圖也放上去，這樣我們就不必陷入數學的泥淖，也能抓住愛因斯坦的主要概念。

在過去八十五年來，廣義相對論已經成為現代物理的重要支柱之一。高爾夫球與銀河，黑洞與大霹靂，都受它的方程式所掌握。接下來兩章，我們將會看到現代物理學的另一支重要支柱——量子理論，將量子理論與廣義相對論調合，已經成了追求統一理論的最大挑戰。

第六章　量子理論與現代物理

事情變得更不可思議了

任何不被量子理論震驚的人，就是還不了解它。

波耳

得出一項發現與了解一項發現並不必然相同。

佩斯

我在上一章裡把愛因斯坦的相對論，形容成二十世紀物理學家所遭遇到對常識的最大挑戰，但其實量子理論才值此殊榮。

我們需要相對論，是因為牛頓力學碰到了一些微妙的缺陷。在一些特殊實驗裡，具體而言像是物體運動速率接近光速（狹義相對論），或遇到很強的重力場（廣義相對論）時，牛頓的定律得不到正確的答案。接近十九世紀末期時，科學家又發現了另一個牛頓理論無法充分描述的領域，那就是原子的領域。於是，新發現的量子理論終於取代了牛頓力學。就像相對論一樣，量子理論徹底違背了我們過去所熟悉的世界。牛頓對世界的想像現在稱為古典力學，它所描述的是一個可以預測的、機械式的宇宙；如果我們能掌握某一時刻這個物理系統的狀態，理論上我們就能夠知道它下一刻會變成什麼樣子。但這種可預測性不久就慢慢消失，由自相矛盾的機率世界取代。量子理論激進到連開創者之一的愛因斯坦都無法接受。它不像相對論絕大部分是由愛因斯坦獨自完成，而是由十幾位科學家，大約經過三十年才建構起來的。接下來就讓我們進入原子裡，開始探索量子世界。

原子的簡史：首部曲

原子並不是個新觀念，早在第一章我們就提過，古代希臘人留基柏和德謨克利特曾提出這個大膽的假設，可惜他們的見解對那個時代而言太前衛了。原子確實存在，不過直接探索原子的工具，卻要等到科學革命之後才會出現。

現代原子理論是從英國科學家道耳呑（一七六六～一八四四年）開始的，他為了解釋某些化學物質的特性，就假設它們是由不同的原子組成的。他寫道：「所有感覺得到的物質，都是由極多非常小的粒子組成的，它們是物質的原子，透過吸引力結合在一起……。」科學家很快就知道，雖然有許多不同的原子，但它們永遠依某種特定的比例互相結合。（例如水，永遠是由兩個氫原子與一個氧原子結合而成。）

十九世紀科學家發現了數十種新原子，按照希臘術語，那些由一種原子組成的物質叫**元素**。雖然這些元素的原子尺寸與化學性質不同，但還是有某種形式隱藏在繽紛的面貌裡。一八六九年，俄國科學家門德列夫（一八三四～一九〇七年）發表了一種理論，描述原子特性的規則——就是如今到處可見的**元素周期表**，也是全世界每個化學教室必備的裝飾品。

進入二十世紀初，各種科學活動多到令人目不暇給，物理學家開始探索原子本身的特性。一八九五年他們發現了一種高能量的電磁輻射——X射線；到了一八九六年，又發現不安定的原子會釋放出一種輻射。英國科學家湯姆森（一八五六～一九四〇年）接著又發現了電子，此時，大家終於明白原子並非真的不可分割，而是由一些帶著電荷的粒子所組成的。這些粒子有的帶正電荷，有的帶負電荷，電子顯然是成分之一。由於大部分的物質都是中性的，電子卻帶著負電荷，因此原子裡一定有些東西帶著正電荷。

但當時還不知道原子真正的結構，不知道這些電荷是怎麼排列的。湯姆森認為它們可能是均勻地分布在整個原子中，這就是所謂的「葡萄乾布丁」模型（想像帶負電的電子像葡萄乾那樣，均勻地分布在正電荷的布丁裡）。這是一種合理的猜測，但尚未經過任何實驗證實——直到聰明的紐西蘭科學家拉塞福（一八七一～一九三七年）出現。一九〇七年，拉塞福離開加拿大蒙特婁的麥基爾大學，到英國曼徹斯特大學任教，並且在這裡設計出一項精巧的實驗，來探測原子的結構。他利用一種大量帶正電荷的α粒子（就是剝除電子的氦原子原子核），去撞擊黃金的薄膜。理論上，就像用刀子刺進奶油一樣，速率很高的α粒子應該會立刻穿越金箔才對。事實上，大部分的α粒子的確穿過金箔，但是有些α粒子卻發生偏轉，有少數粒子甚至反彈回來。面對這樣的結果，拉塞福說：「這是我一生中所碰到最難以置信的事，就好像用機關槍去打一層面紙，子彈卻彈回來打到自己一樣。」

是什麼使α粒子反彈回來？拉塞福認為，最簡單的解釋應該是，原子所攜帶的正電荷應該集中在一個很小的區域，形成一個厚實且帶正電荷的目標，因而把同樣帶正電荷的 α 粒子反彈回來。原子的正電荷並非如湯姆森所說，均勻地分布於整個原子，反而似乎只集中在原子中央的一小區域。後來的實驗證實了拉塞福的理論，如今我們稱原子中央這團物質為**原子核**，而帶正電荷的粒子則是**質子**。（還有一種與質子重量大約相同但不帶電荷的粒子——**中子**，直到一九三〇年代才被證實。）

通常，原子裡質子的數目與電子是相同的，而拉塞福的原子模型可以比擬我們的太陽系，原子核就好比太陽。和太陽系一樣，原子的大部分結構是空的。後來的實驗證實，原子核的直徑只占原子直徑的萬分之一，如果把原子的尺寸放大為整個曼哈頓地區，原子核的大小大概就等於一輛停在中央公園中心的小汽車。

腦海裡有這個原子新模型的想像，拉塞福金箔實驗的結果就容易解釋了。由於原子裡大部分都是空的，只有中間有一小塊高密度的核，所以大部分的粒子都能穿透金箔，而不會碰到原子核。只有少數碰到原子核的會反彈回來，就像拉塞福所觀察到的。

在進行原子結構的突破性研究時，拉塞福已經是諾貝爾獎的得主了。一九〇八年，由於在放射線研究工作上的成果，拉塞福獲頒了諾貝爾化學獎。除此之外，他還得過其他大大小小的榮銜：一九一四年受封為騎士，一九三一年再受封為男爵。儘管獲得這麼多英國的榮耀，他還是以身為紐西蘭人為榮。有一次，在一個正式的午餐會上，一位英國主教聽說拉塞福是紐西蘭南島人，覺得很驚訝，就以南島的人口稀少（當時只有二十五萬人）開玩笑，說英國特倫特河畔斯多克城的人口，都比整個南島的人多。拉塞福冷冷地回答他說：「但是我告訴你，閣下，我們南島人的胃口可是很大的，隨便一個人早上起床之後，在早餐之前就可以吃掉那座城的所有人，還覺得餓呢！」

但是拉塞福的原子模型顯然不完整，如果原子真的像是太陽系的縮小版，它不可能很穩定。如同我們前面說過的，馬克士威指出加速的電荷會放出電磁波，而電子圍繞著原子核旋轉，就是在加速；如果真如此的話，電子將一直損失能量。那麼，如何避免帶負電的電子以螺旋狀的軌跡，掉進帶正電荷的原子核裡呢？

另一個難題困擾了物理學家更久，那就是熱體輻射的問題。物理學家早就知道，熾熱的物體會釋放能量；溫度愈高，亮度愈大。十九世紀末，物理學家就已經知道如何藉由顏色的差異，準確測量熾熱的物體到底釋放出多少光，他們稱之為該物體的**光譜**。（以物理的專業術語來說，光譜表現的是不同波長的色光強度。）但馬克士威電磁學理論對於熱體輻射光譜所做的預測十分不準確。根據過去的理論，當物體被加熱之後，最強的輻射波長會愈來愈短。所以如果你點燃爐火，你應該會被爆發出來的紫外線和X射線弄瞎。但顯然不是這樣。這個答案最後是由德國一位不太像是科學革命份子的科學家——普朗克所提出來的。

普朗克和量子的誕生

普朗克來自一個正直、保守的家族，歷史學家評論其家族「出過多位政治家與律師，都是正直、負責而誠實的人。」他的論文指導教授曾經想建議他離開理論物理，告訴他在牛頓和馬克士威之後，理論物理已經沒有多少研究可以做了，幸好普朗克沒有聽他的。一八八九年，他得到柏林大學一個很有名望的職位，那年他已經四十二歲了，發表過四十多篇論文，當時他開始注意到熱體輻射這個神祕現象。

一九〇〇年十二月十四日，德國物理學會在柏林召開會議，普朗克在會中發表了一篇論文，提出他的解答，他的論文標題是〈正常光譜的能量分布〉。在這篇他形容為「孤注一擲」的論文中，普朗克提出，熱體放出來的能量並不是連續的，而是特定大小的不連續封包。就像銀行的自動提款機，只會吐出百元或千元面額為單位的錢一樣。普朗克稱這種能量的小封包為**量子**，是拉丁文「多少」的意思。

這種能量的量子有多大？後來發現它非常小，它與粒子的頻率以及一個被稱為「普朗克常數」的常數有關（常用h來表示）。在物理學家常用的單位系統裡，質量用仟克來表示，長度用公尺，時間是秒，那麼h的數值就是0.00000000000000000000000000000000066，或者是6.6×10^{-34}，這個表示方法，我們在書的一開始，就已經向讀者說明過了。由於普朗克常數的值極小，日常生活中我們幾乎不會注意到量子效應。就像一個大企業的財務活動，我們只會注意到幾百萬的收益與花費，幾塊錢的差別在交易過程中根本沒人注意。

我們當然知道，錢是經過「量化」的，不管是紙鈔或硬幣，都有固定的面額，但為什麼能量的釋放會遵守這種反覆無常的規則呢？普朗克自己也覺得量子的假設有點荒謬，他欣然承認自己對這個假

普朗克研究熱體輻射問題，引發了量子革命。

設的真正用意並不清楚。然而，這卻是眼前所面臨問題的簡單解答，利用量子假設，普朗克準確地預估熱體所產生的光譜。不過量子理論可不僅是這樣而已，它發展得非常遠，並且很快就為原子層次的物質與能量行為，建構出完全不同的新圖像。

愛因斯坦與波耳：量子理論更具體化

讓我們更仔細檢視一下普朗克所研究的熱體，這些熱體會釋放輻射，但輻射是從哪裡來的呢？物理學家假設它們是來自原子內帶電粒子的運動，具體而言就是電子，因為它被認為一直繞著原子核旋轉。馬克士威的理論，就曾預測加速的帶電粒子會以這種方式放出輻射；現在感謝普朗克，我們知道這些漫天飛舞的電子只有特定的能量，也就是說，電子的能量也是量化的。於是，愛因斯坦更進一步推論：如果電子的能量是量化的，那麼它們放出來的光會是什麼樣的狀況？在他一九〇五年所提出的光電效應論文裡，愛因斯坦指出，光也是以不連續的封包出現。

如同我們先前所見，光的特性困擾物理學家已久。十九世紀末，有大量的證據顯示：光是一種**波動**。現在愛因斯坦卻指出，我們也可以把它當成一種**粒子**，也就是所謂的光子。愛因斯坦指出，光子的能量與它的波長（或頻率）及普朗克常數有關。由於普朗克常數非常小，因此，每個光子所帶的能量都極少。如果你打開一顆一百瓦的燈泡一秒鐘，再把它關掉，你大約放出了三萬億億個光子，也就是大概 3×10^{20} 個。

量子革命的下一步，是丹麥物理學家波耳（一八八五～一九六二年）完成的。一九一三年，他還是理論物理學界的新手，試著把量子理論應用到氫原子上去。氫是最簡單的元素，只有一個質子和一個電子，也是宇宙中含量最豐富的元素。波耳指出，氫原子的電子只能占據一些個別的、有特定能量的軌道。（我們可以把電子比擬成參加音樂會的聽眾，他們被規定只能坐在特定的位子上，例如第十二排或第十三排，但永遠不會是十二排半。）在這個氫原子的想像圖裡，只有當電子從一個能階跳到另一個能階的時候，才會釋放出光。電子跳躍的幅度愈大，所釋放出的光子能量愈高。

波耳與愛因斯坦。波耳將量子理論用於氫原子，愛因斯坦雖然對新理論存疑，但他所發現的光電效應，對量子革命也有貢獻。

波耳的提議很激進，徹底顛覆了牛頓及馬克士威的想法，但是物理學家們發現在解釋原子現象時，古典架構需要被徹底翻修。新理論立刻展現了它的力量。首先，它解決原子穩定性的問題；其次，它所描述出來的氫原子光譜非常精確。事實上，理論預測氫原子光譜裡的每一條高峰，與實驗室所觀察的幾乎一致，準確度達萬分之一以內。後來，量子理論用在別的元素也同樣成功，科學家甚至可以預測出當時尚未發現的新化學物質特性。波耳得到一九二二年的諾貝爾獎，與普朗克及愛因斯坦共同被視為量子理論早期發展的關鍵人物。

德布羅意、海森堡及薛丁格：量子力學的模糊世界

量子力學的發展是一種冷靜的經驗，它讓我們了解直覺的極限所在。

吉耶曼

直到一九二〇年，量子理論在許多地方都非常成功，但是物理學家還是無法了解它真正的意義，因為它並沒有告訴我們電子、質子以及其他物質與能量真正的行為。但是進入一九二〇年代，情況有了改變，一位年輕的法國科學家德布羅意（一八九二～一九八七年）的研究工作為此拉開序幕。德布羅意本來學的是歷史，第一次世界大戰期間，他在艾菲爾鐵塔下的一個廣播電台服務，從此開始對科學感興趣。後來，他在索邦學院取得博士學位，並在該校擔任教授將近四十年。德布羅意最偉大的發現，在其事業的早期就已完成。長久以來大家認為光是一種波，但他知道愛因斯坦發現光也具有粒子的性質。那麼，現在大家都認為是粒子的電子，是不是也同樣具有波的性質？他把這種觀念稱為「物質波」，並首度於一九二三年寫成博士論文。由於這個概念實在太大膽了，論文評審委員會不敢做出結論；後來他們把論文寄給在柏林的愛因斯坦，愛因斯坦同意了論文裡的觀點，德布羅意才順利拿到博士。

德布羅意的主張產生了一些令人困惑的問題。如果粒子具有波的性質，那麼它的波長是多少？根據德布羅意的說法，物質波的波長是普朗克常數除以物質的**動量**（粒子的質量乘上速率）。當然，普朗克常數本身已經非常小，如果想要得到有意義的結果，粒子的動量也必須非常小才行。在日常生活

裡，一般物質以平常速率運動，它的物質波是可以忽略的，因此一般物體的波動性質很少出現。但是在原子及次原子領域，物質的質量也非常小，它的波動特質就不容忽略。

在一九二〇年代末期，電子的波動性質已經被實驗證實。物理學家將電子束射向密實的晶體（晶體中的原子緊密地依照規則排列），看到某種「干涉圖形」，就像水波互相重疊出現的那種圖形（參閱九十六頁圖）。德布羅意是對的：一束電子也會出現波的特性，而這些波的大小也和他理論的預測相符。此外，在一些其他的實驗裡，電子則顯露出「傳統」的粒子特性。

由於揭示了這種**波粒二象性**，德布羅意得到一九二九年的諾貝爾獎。就像人性中同時具有善與惡的雙重性格一樣，次原子的世界也同時具有波動與粒子的特性。電子與所有的次原子粒子都能顯示出粒子或波動的性質，它會表現出什麼，取決於我們所做的實驗。在這個有趣的歷史轉折點上，英國物理學家喬治·湯姆森做了一項與電子波動性質有關的決定性實驗，他是那位一八九七年諾貝爾獎得主湯姆森（提出布丁原子模型）的兒子。身為父親的湯姆森，發現電子是一種粒子，而他的兒子則發現了電子的波動特性，兩人都同樣得到諾貝爾獎。父子倆都是對的，一時傳為佳話。

德布羅意發現物質的粒子也具有波的性質，是量子理論的奠基者之一。

到目前為止，這些個別的發現好像是一堆沒有關係、亂七八糟的拼圖。不錯，量子理論是成功的，但並沒有一個整合的理論可以把它們統合在一起。就像物理學家包立在一九二五年描述的：「現在物理學界又再度陷入混沌。」不過，短短幾年之內，量子理論就出現了一個全新的、以波粒二象性為核心的數學架構。這個新理論其實是很多物理學家努力的成果，而其中最重要的主導者就是德國的海森堡（一九〇一～一九七六年）及奧地利的薛丁格（一八八七～一九六一年）。這套新理論架構就是**量子力學**，在此之前那些片段的假設或發現，則稱為量子理論。（不過在本書裡，我們並沒有很清楚地畫分它們，有時會混用。）

海森堡鑽研自己的方程式，為它所浮現的數學圖像所震撼：「透過原子表面的這些現象，我感覺自己正在凝視它不可思議的美麗內部，一想到我現在正探索它豐富的數學結構，而大自然毫不吝嗇地在眼前展開，不禁讓我目瞪口呆。」在此同時，薛丁格則努力找出德布羅意所提的物質波方程式。他最大的突破據說是一九二五年十二月和情婦幽會時發生的，當時他們到瑞士阿爾卑斯山的一個滑雪場度假。（據說他的妻子也對他不忠。）雖然他的感情生活有許多波折，但是他的數學實力卻是堅實的。這個量子力學核心的波動方程式，就是**薛丁格方程式**。海森堡和薛丁格兩個人，分別於一九三二及一九三三年獲得諾貝爾獎。

量子力學的數學，在試圖描述原子與次原子的特性上非常成功，但卻導向一個愈來愈驚人的本質。事實上，波粒二象性只是個開頭而已，海森堡發現，粒子的位置與速率永遠不可能同時搞清楚，對其中一個度量得愈精確，另一個數值就愈模糊。想要把兩個都掌握住，有點像在浴缸裡抓肥皂，在你以為快要握緊它時，它就滑開了。然而在原子及次原子粒子裡，它的不穩定卻是絕對會發生的，這個效應稱為**測不準原理**。它與我們度量儀器的能力限制無關，而是一種量子的本質特性。這些量子的不確定性永遠不會出現在日常生活之中，是因為它們都與普朗克常數 h 有關，而這個常數實在是太小了。當撞球在球檯上滾動時，它的不確定性只有 10^{27} 分之一，小到不會有任何影響，你只管依照一般的方法去瞄準就行了。但是在次原子領域，它的速率與尺寸都與 h 相當，這時量子的不確定性就非常重要了。

在量子世界裡的任何度量，都困難得不得了，我們只能計算出不同結果的出現**機率**。其實，任何實驗在做第二次的時候，並不保證會得到同樣的結果。量子理論只允許我們計算很多次度量所得到的**平均**結果，說得更準確一些，我們得到的是度量結果落在某個範圍裡的機率。我們且做個比喻，假設你是紐約大都會美術館的館長，你想預測下星期日會有多少人進館來參觀。事實上沒有任何方法可以精準預測，你最多只能依照上個月或去年的票根，看看過去的星期天平均有多少人來參觀。所有生意人在事業發展的過程中，都學會估算這種不確定度，整個保險事業更是以機率為基礎。但是物理學界，至少當時的物理學界，卻從來沒有碰到過這種不可預測的主題。事實正好相反，牛頓力學的應用兩百年來似乎無往不利，科學家早就認為宇宙裡的任何事情，都是可預測的。

發現「測不準原理」的海森堡。

但是隨著海森堡和薛丁格的研究，物理學家碰上無所不在的不確定性。只有一件可以預測的要素保留下來，那就是薛丁格方程式描述的波動所牽涉的時間，但這種計算所產生的，只是某些量子事件發生的機率。在原子的世界，新的想像圖似乎注定是模糊的。早先我們看到拉塞福所想像的原子模型中，電子繞著原子核旋轉，就像微型的太陽系。但是現在我們覺得這個觀點太機械化了。比較好的想像圖是，電子在原子核附近，就像一抹「暈開」的雲。

但是量子現象的奇怪之處還不止於此。科學家發現，量子理論意味著觀察者與被觀察事物之間有著基本的連結。舉個例子來說，在我們觀察它之前，一顆粒子可以在任何地方，有任何的速率，用粒子物理的行話來說，它可以處於任何的**狀態**。在我們度量它之前，粒子能同時存在於許多狀態，就是我們說的一種**重疊狀態**。當我們實際進行度量的時候，我們強迫粒子進入單一的狀態，就是所謂的「塌縮」。在我們真正進行度量的時候，量子力學只能告訴我們，某些狀態比別的狀態更容易觀察到。

薛丁格提出支配原子與次原子世界的波動方程式。

如果這些事聽起來不可思議，不必擔心，因為它們**的確是**不可思議，這些觀念在古典力學裡，根本不存在。其實很多和量子理論發展有關的科學家，對它的內涵都深感不安，對愛因斯坦尤其如此。儘管他的研究對量子理論的基礎非常重要，但他對新的量子圖像固有的機率與模糊特性，卻非常不習慣。事實上，他和同事對於量子力學的優缺點，爭辯了十年以上，還把上帝稱為「老人家」。他在一九二六年寫給波恩的信中，充分表達了他對量子力學的不滿：「量子理論說了很多事，但並沒有讓我們更接近『老人家』的祕密。不論如何，我相信他不會和我們玩骰子。」以今天的結果看起來，愛因斯坦似乎弄錯了，宇宙確實建立在量子機率上。在愛因斯坦表達了他的看法之後的六十年，霍金在演說中對聽眾說：「似乎連上帝都受測不準原理所約束……所有的證據都顯示上帝是個老賭徒，一有機會就會丟把骰子。」

薛丁格的貓及其他量子詭異現象的故事

認為宇宙運行遵守嚴格規律的想法已經消失了，既定的宇宙像發條鬆掉的時鐘一樣鬆脫；科學家終究會知道絕對真理的想法也消失了。

萊與巴哈

量子力學最令人困擾的特性，就是重疊狀態的詭異想法：粒子在同一個時間裡，同時具有兩種完全不同的狀態。在次原子狀態，這種「量子詭異現象」或許不那麼明顯，但如果把原子世界放大到真實世界，某些情況則會令人頭皮發麻。一九三五年，薛丁格提出一個著名的「思考實驗」，描述了這種情況。

薛丁格要我們想像，有隻貓在一個密封的箱子裡，箱子裡同時還有少量放射性物質、一個度量放射線的蓋革偵測器，以及一小瓶毒氣。如果放射性物質有個原子發生衰變，這是一種量子事件，會被蓋革偵測器測到，它會帶動一個鐵鎚去打破瓶子，放出毒氣殺死貓。（記住，這只是個思考實驗，並非真有其事！）假設依據量子理論，放射性原子在一小時內衰變的機率是百分之五十。一小時過後，箱子裡的貓是死的還是活的？當然，你一打開箱子就會知道答案，在那一瞬間，量子系統就「塌縮」進入某個固定狀態，只能顯現出活貓或是死貓。但是直到你打開箱子之前，貓是處在一個「活」與「死」的重疊狀態，也就是這隻貓處於亦死亦活的狀態。

或許我們能夠想像電子或某些次原子粒子，在同一個時間占據著兩個狀態，但我們如何想像一隻貓，遊走於生與死的狀態之間？薛丁格的貓隱含的意義，引發了無止盡的爭論，一直到目前為止，物理學家對此依舊談論不休。霍金曾經說：「當我聽到薛丁格的貓，很想拿出槍來。」它所凸顯的問題是沒有令人滿意的答案，薛丁格的貓產生的困境，逼得我們去面對量子物理與古典物理之間的過渡領域。現在是有幾種解釋出現，但還沒有任何一種能

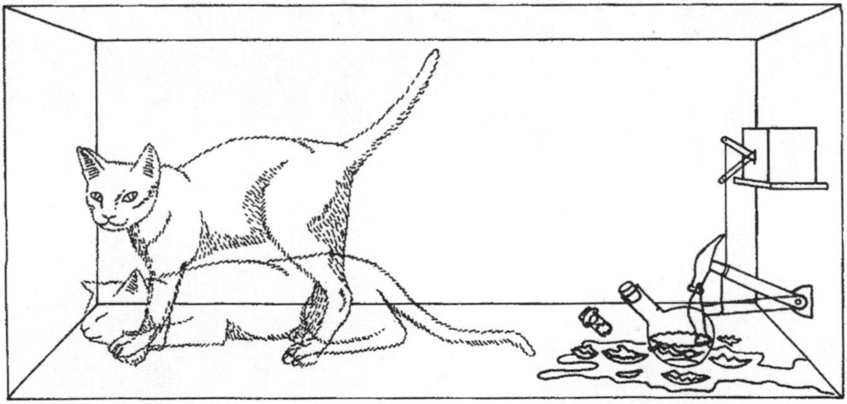

著名的思考實驗——「薛丁格的貓」，在打開箱子之前，有百分之五十的機率，量子事件會觸發毒氣殺死貓。在我們度量之前，也就是在我們打開箱子查看之前，量子力學主張貓處在「死」與「活」的重疊狀態裡。

令大家滿意，其中最普遍的兩種是哥本哈根詮釋及多重世界詮釋。

哥本哈根詮釋其實是波耳提倡的，但他從未明確加以定義，因此用他所居住的城市來作為它的名字。這個詮釋是說，那些未經度量的數量——如同箱子未開之時的貓的狀態——是沒有意義的。只有度量的結果才是有意義的數量或狀態。（早在十八世紀，哲學家休謨就已提出這種想法。）但是這種詮釋卻又衍生出新的問題：由**誰**來度量？如何度量才算是合格的？為了要讓理論變得有意義，必須存在有意識的觀察者嗎？有少數科學家認為，意識與量子世界是緊密綁在一起、不可動搖的，並且希望廣泛的物理理論能進一步說明意識的本質與量子詭異現象**兩者**之間的關係。（當然我們可以想像，這麼一來將會產生更多問題。如果人類的意識足以讓量子系統塌縮到某個特定的狀態，那麼貓的意識夠不夠？變形蟲的意識又如何？電腦呢？需要多少程度的意識？）

另外有個比較平和的主張，認為真正需要的可能不是意識，而是問題中的粒子與更複雜系統之間的交互作用。也許在粒子附近的環境中，無意間跑進一顆普通的光子或電子，就足以觸發量子系統的塌縮，把整個系統輕輕地推進一個單一狀態裡。以薛丁格的貓為例，放射性粒子與蓋革偵測器之間的交互作用，可能就足以引起系統的塌縮，給我們一隻確定的死貓。

多重世界詮釋認為量子事件會造成**所有**不同的結果，而每一個量子事件都是這些不同結果的其中一個選擇。那麼，我們為什麼只看到一種結果？因為其他的結果出現在所謂的「平行宇宙」中，這些平行宇宙在發生量子事件時，就與我們的宇宙分離開來。例如在薛丁格貓的事件中，一個宇宙的觀察者在打開箱子時，看見的是隻活貓；但在平行宇宙裡，出現的卻是隻死貓。如此一來，我們將會有天文數字般的宇宙，可能是無限多個宇宙。當然，任何**可能**發生的事，**確實**也都發生了，只是發生於這些平行宇宙中的某個地方。一定有個宇宙，裡面的電影票價一直下跌；另外有個宇宙，我在裡面與林志玲約會。可以想見，很多科學家對這種平行宇宙的觀念嗤之以鼻，他們說它完全不符合奧坎剃刀的原則，更糟糕的是，這個想法完全無法實驗。不過近年來，有些知名的理論物理學家開始支持多重世界的觀點。

薛丁格那亦生亦死的貓或許只是思考的實驗，但是小規模片段的量子重疊狀態已經相當明顯。在二〇〇〇年早期，科羅拉多實驗室的物理學家，利用雷射光束將鈹原子的外層電子剝開，在很短暫的時間之內，電子確實同時呈現兩個量子狀態，其中一個電子朝一個方向自轉，它的孿生電子則朝相反方向自轉。而證實重疊狀態確實發生，是因為這兩個電子互相干涉，才揭露了這件事。這個重疊狀態經歷的時間很短，大約只有萬分之一秒，電子就安定在一個量子狀態。但這種量子重疊狀態卻是真實的，這使得我們更難拋棄薛丁格貓的詭論。

量子力學所產生的另一件不可思議的現象是物理學家所謂的「量子糾纏」——這是一種很奇特的現象，一個粒子的狀態會同時影響另一個粒子，不管它們之間的距離有多遠。一九三〇年代，理論物理學家就預測出這個效應，這個結果立刻引起愛因斯坦的嘲弄，說它是一種「遠距離的鬼魅行動」。但是到了一九八〇年代，這種量子糾纏卻被證明確實存在；一九八一年，法國物理學家愛斯派克特第一次指出有這種效應。從此以後，更明顯的量子糾纏效應也被發現了。舉例來說，一九九八年瑞士日內瓦大學的研究人員製造了一對互相糾結的光子，他們度量其中一個光子的能量，就決定了另一個光子的能量，儘管這兩個光子的距離已經超過十公里。物理學家鐵馬克和惠勒在《科學美國人》上發表實驗結果，慶祝量子理論的百周年紀念，他們聲稱：「簡單地說，實驗結果說明量子世界的詭異現象是真實的，不管我們喜不喜歡它。」

現在，物理學家還在拚命努力，想要掌握這些量子的詭異現象，他們也常爭辯量子理論真正的意義何在。或者說得更精確一點，**有些**物理學家爭論理論的意義為何，但是他們之中很多人，或者是大部分的人，都只應用量子力學**成功**的部分，把剩下的其他部分留給哲學家。在一次次的測試中，量子理論都提供了對原子和次原子世界的最佳描述。這些科學家採取了務實的態度：在度量行動中，量子力學給了我們出現不同結果的機率，事情就是這樣。我們必須適應和理論一起出現的量子詭異現象。

量子架構的擴充

我們已經了解量子理論在二十世紀的最初十年如何誕生，一九二〇年代末期又如何演變成量子力學。當實驗物理學家急著把新理論應用在原子與分子結構的研究時，理論物理學家則忙著擴充量子架構的範圍。他們最大的挑戰是把量子理論與愛因斯坦的狹義相對論整合起來，而努力的結果使得物理學的發展向統一理論又邁進了一步——他們得到一組非常強大的理論，叫做**量子場論**。

量子場論的發展過程中，有位關鍵人物是狄拉克（一九〇二～一九八四年），他是英國物理學家，也是個數學天才。他為量子力學發展出新的數學架構時才二十多歲，這個架構裡同時包含了薛丁格和海森堡的公式。狄拉克的方程式裡預測了**反物質**的存在，它們是一組質量與正常粒子相同，但電荷相反的粒子。第一個被發現的反物質是電子的反粒子——正電子，又叫做正子，發現的時間是一九三二年；一九五四年又發現了反質子，它們的性質正如狄拉克所預測的。狄拉克雖然是個卓越的理論物理學家，個性卻安靜而內向，他最後成為劍橋大學數學系的盧卡斯數學教授。三百年前，牛頓也擔任過這個職位，現在則是由霍金擔任＊。狄拉克得到一九三三年的諾貝爾獎，有同樣貢獻的還有美國物理學家施溫格（一九一八～一九九四年），日本的朝永振一郎（一九〇六～一九七九年），以及另一位喜歡開玩笑、好玩邦哥鼓的美國頑童費曼（一九一八～一九八八年）。

費曼在粒子物理學上有項創新的辦法，他用簡單的圖形來取代複雜的方程式。他所創造的圖形被稱為「費曼圖」，是描述電子如何吸收及釋放光子的有效工具，後來被應用於解釋量子世界中大量的粒子間交互作用。

費曼曾經在一項智力測驗中得到智商一二五的高分，是個公認的天才。但是當《全知》雜誌報導說他是「全世界最聰明的人」時，他母親的反應是大吃一驚：「如果他真是世界上最聰明的人，那真要請老天爺幫幫忙了。」

施溫格、朝永振一郎與費曼三人各自研究，發展出**量子電動力學**，並同獲一九六五年的諾貝爾獎。這是描述放射線與帶電粒子之間交互作用的量子場論。量子電動力學非常成功，可以說是物理學上最精確的理論。它的某些預測在實驗室的度量上，可以精確到萬億分之二。若是以這種精確度來測量地球直徑，誤差將少於百分之一毫米——遠小於一根頭髮的寬度。

＊同八十一頁注解。

量子場論是二十世紀中期，物理學上最成功的理論。事實上，由於物理學家企圖把它應用在更廣闊的物理系統中，這個理論的研究工作現在仍舊活躍。但是這個理論最大的價值，還是在於它成功描述了物質本身的結構。為了對它有更清楚的了解，我們必須繼續進行深入原子的旅程。

原子的簡史：二部曲

隨著二十世紀最初二十年拉塞福與波耳的研究，原子逐漸洩漏出許多祕密。它的外面有一團電子雲不停地繞著原子核，跳著量子舞；裡面則由質子與中子緊密結合構成原子核。在早先的電磁學裡，我們知道異性的電荷會互相吸引，而同性的電荷會互相排斥，這是電磁力的基本性質。因此，帶負電的電子會被帶正電的質子吸引，圍繞著原子核打轉。那麼，質子為什麼可以擠在這麼緊密的原子核裡，不互相彈開？質子之間的電磁排斥力很強，原子核應會四分五裂才對啊？對此，物理學家的回答是，在原子核裡一定有另外一種力在運作，它的吸引力大於電磁的排斥力。這種力就是現在所謂的**強核力**，負責把質子與中子聚合在一起，保持原子核的穩定。在一九三〇年代，科學家又發現原子核裡還有另外一種力，與放射性衰變有關，而這就是現在所知的**弱核力**。

如果算一下到目前為止，我們談了多少種力，答案是四種：其中有兩種核力（強與弱）；早先馬克士威等人研究的電磁力；以及大家最熟悉，也是四種力中最弱的——牛頓所研究的重力。除了這幾種之外，還有哪些力？答案可能出乎大家意料之外，居然是**沒有**了。據我們所知，這四種力負責了我們宇宙的所有物理作用。

到目前為止，一切還算順利。我們有四種力與三種粒子，即質子、中子和電子，也許可以再加上光的基本單位——光子。這是個簡單的圖像，可惜維持的時間不長。不久，物理學家就又發現了一種很奇怪的粒子，它和原子或光子沒有任何關係，而是一種很重的電子，叫做**介子**，是一九三〇年代發現的。在二十世紀中期，科學家發展出更強大的工具來探測原子，他們發現以前看似「基本」的粒子，其實是由更小的部分所組成。

你或許認為想要找出這些微小的粒子，需要很小的儀器——其實正好相反。在粒子物理的研究上，強大的**加速器**是必備的工具（現代的大型加速器周長往往有好幾公里）。次原子粒子在加速器裡巨大的圓形管內，可以被加速到接近光速，之後那些被加速的粒子互相撞擊，彼此粉身碎骨。科學家利用精密的儀器，很仔細地把整個過程記錄下來。加速器愈大，能到達的能量水準愈高，所能探討的結構就愈精細。

到了一九六〇年代，粒子加速器實驗顯示，原子核內的質子和中子，是由三個更小的，叫做**夸克**的粒子所組成的。這個奇怪的名字是美國物理學家葛爾曼在一九六四年取的，靈感是來自喬伊斯《芬尼根守靈夜》中的一句話（向麥克老大三呼夸克！）。後來葛爾曼承認，取這個名字有點開玩笑的意思，因為他認為有些同事對於科學語言實在太過做作了。現在，夸克被認為一共有六種不同的類型，葛爾曼後來協助發展出一種數學理論，來描述夸克對強核力如何反應，這屬於另一種量子場論，稱為**量子色動力學**。他對粒子物理的貢獻，使他贏得一九六九年的諾貝爾獎。

不久，更多的粒子被發現了。有一種很輕的粒子叫做**微中子**，是在核子反應中產生的，一九三〇年代就有人假設它的存在，而在一九五〇年代終於被偵測到。一九七五年發現一種粒子叫做 τ **輕子**，是電子與介子的親戚。在一九七〇年代，物理學家能利用量子場論所提供的架構，來建構出一個條理分明的圖像，說明這些粒子彼此之間有什麼關係，以及它們如何與自然力產生作用。這個強而有力的圖像成為現代粒子物理的基石，但它卻有個平庸的名稱，物理學家稱它為**標準模型**。

標準模型裡總共包含了十八種粒子，可以分成兩個基本類型。其中十二種是**費米子**，包括了電子與各種不同的夸克，這些粒子能構成堅實的物質；另外六種是**玻色子**，它是費米子之間交互作用的媒介。（如果拿標準模型比喻全球的政治，則費米子就像各國的領袖，如總統和總理；玻色子則是外交使節，在各國領袖之間傳遞訊息。）最有名的玻色子是光子，它是電磁力的媒介。

聽起來，這些基本粒子多到令人頭皮發麻，什麼費米子、玻色子，又什麼夸克、光子的，要怎麼去記呀？我們先別急著去記這些細節，重要的是，到了一九七〇年代，物理學家終於能夠分離出構成物質與能量的最基本單元，這些是我們宇宙的「小磚塊」。更重要的是，經由出色成功的標準模型，我們開始了解這些小磚塊彼此是怎麼互動的。而且如果能在實驗室中找到模型所預測的粒子，就能進一步確定粒子的存在。最近一

葛爾曼（左）與費曼（右），兩位量子場論大師。費曼發現放射線與帶電粒子如何交互作用；葛爾曼發現組成質子與中子的夸克，與強核力間的關係。

次發現是在二〇〇〇年八月，由芝加哥附近的費米實驗室偵測到的費米子，叫做 τ **微中子**；再之前是一九九五年，實驗室捕捉到一個超級重的夸克，叫**頂夸克**，一時之間還上了報紙的頭條，同樣也是費米實驗室做的。到目前為止，已有超過二十座諾貝爾獎，頒給對標準模型有貢獻的科學家。

但是要慶祝標準模型完全成功，還言之過早，其中最重要的粒子**希格斯玻色子**，至今尚未現身。這個神祕微妙的粒子是蘇格蘭物理學家希格斯（一九二九年～）命名的，他在一九六〇年代中期研究出這個粒子的性質，它最主要的功能是將質量賦予其他粒子。換句話說，沒有希格斯粒子就不會有星星與銀河，樹木與森林，也不會有人——或者，至少物理學家得找出另外一種解釋，來說明為什麼會有這些東西。（筆者曾在一個研討會上碰到希格斯，親眼看見一位學生趨前向希格斯致意，說：「為了質量謝謝你。」）現在世界上各大加速器實驗室已經展開希格斯粒子的追逐，例如美國的費米實驗室及歐洲的核能研究中心。最近歐洲核子研究中心的實驗結果透露出一線曙光，但是一直到二〇〇二年，都還沒有找到任何存在的證據。

電弱理論：邁向整合

關於這些粒子，以及設計來捕捉它們的精巧實驗，還有許多可以說的故事。不過，此處我們要把焦點放在物理學家為了尋找簡單、明瞭的統一圖像所做的努力。在這個簡潔描述的目標上，標準模型當然是前進了一大步。當科學家在發現這個模型的時候，同時也解決了四種基本作用力之中，其中兩種的統合問題。在一九六〇年代末期，科學家開始考慮，怎麼將電磁與弱核力聯合起來，整合在一個架構裡。這個結構有個很適當的名字，叫做**電弱理論**，這是萬有理論的另一個進展。

對這個新理論貢獻最大的有三個物理學家：格拉肖（一九三二年～）和溫伯格（一九三三年～）都是美國人，薩拉姆則來自巴基斯坦。（在一九四〇年代後期，格拉肖和溫伯格都就讀於紐約名校布朗克斯高中，兩個人因此成了親密的好朋友。這個高中出了三位得諾貝爾獎的物理學家，全世界沒有一個高中有這種成績，他們的得獎人數甚至比許多國家還要多。）但是物理界對弱電理論的價值反應慢了半拍，部分是因為它的方程式當中似乎不斷出現「無限大」，另外則是因為它的預測沒有實驗能加以證實。不過，到了一九七〇年代早期，這兩個障礙都被排除了。一位來自荷蘭的聰明研究生霍夫特（一九四七年～），找出避免無限大的方法，而歐洲核子研究中心的實驗也發現了Z粒子的證據——這是該理論預測的一種與弱核力有關的玻色子。忽然之間，大家對電弱理論另眼看待。格拉肖、溫伯格與薩拉姆共享了一九七九年的諾貝爾獎，霍夫特和他的荷蘭同事維特曼（一九三一年～）則得到一九九九年的諾貝爾獎。格拉肖在領獎的時候，說了一段話，反映出理論粒子物理學家追求統合的進展：

> 當我一九五六年開始做理論物理時，研究基本粒子好像在玩拼布。電動力學、弱交互作用及強交互作用是各自分開的，分開授課也分開研究，沒有一個連貫的理論可以同時描述它們。但事情終於改變了，現在基本粒子有了標準模型的理論，強、弱及電磁交互作用都可由一個原理來規範。我們現有的這個理論，可說是一個完整的藝術。原來的拼布已經變成一條漂亮的掛氈。

要將強核力與電弱理論融合在一起並不簡單。標準模型主要是描述夸克——也就是組成原子核粒子的基本成分，儘管我們對此作用的了解遠不及電弱力，可以確定的是這個模型一定包含強交互作用。無論如何，很多物理學家相信在非常高能的情況下，強核力與電弱力會合而為一。這種整合的努力是為了尋找一個**大統一理論**。（雖然這個名稱稍嫌過度膨脹，因為它還沒把重力包含在內。這迫使我們期待一個更大的、有待發現的統一理論，來將重力、電磁力和核力在內的所有力都整合在一起，那就是名副其實的「萬有理論」了。）

溫伯格協助將電磁力與弱核力統合在一起，他和格拉肖及薩拉姆共享一九七九年的諾貝爾獎。

改變世界的理論

二〇〇〇年，科學家熱烈慶祝量子理論發現一百周年，歌頌這個二十世紀人類在理解物理世界上最偉大的突破。美國最權威的研究期刊讚揚「量子理論是科學史上經過最嚴密測試、最成功的理論。」它的影響也遠遠超出物理實驗室，幾乎所有的科學分支都受到量子理論的影響，從化學、天文學到生物學與地質學。如果沒有量子理論，我們就不了解原子結構、化學反應以及把原子與分子聚在一起的力量；我們也無法解釋加熱我們地心的放射線，以及點燃恆星的核反應。然而，最令人驚訝的應用也許要算是遺傳學了，沒有量子理論的架構，生物學家永遠不會發現DNA的分子構造，這是所有生物遺傳密碼的藍圖。

量子理論也催生了無數科技新發明。如果沒有量子革命，就不會有電晶體或半導體，這麼一來就不會有電腦、計算機、收音機、行動電話、電視遊戲機、電視、錄影機和影音光碟之類的產品。事實上從微波爐到有導航系統的汽車，幾乎每一件現代科技產品，裡面都有一塊矽晶片。如果沒有量子理論，那些不用開刀就可以探測人體內部的醫療診斷設備，如磁振造影、電腦斷層掃描或正子造影，也都無從產生。物理學家列德曼曾經估算過，根據量子理論建立的科技產品，約占全世界經濟價值的四分之一。

就連非常怪異的量子糾纏實驗的結果，都可能有實際用途——其理論基礎最後可能可以發展出「量子電腦」。在傳統電腦裡，構成一位元的狀態不是「0」就是「1」；但是在量子電腦裡，位元的狀態可以同時兩者並存。物理學家推測，這種電腦的運算速度可能比傳統電腦快百萬倍，屆時我們就可以處理一些現在還無法碰觸的數學問題了。（由於這種裝置在破解密碼和加密上有非常大的潛力，因此美國國家安全局是最支持量子電腦研究的機構。）

的確，量子理論有其價值，它迫使我們放棄自牛頓以來盛行的那個穩定、機械式的舊世界觀。如同普朗克的時代那樣，量子力學所隱含的觀念，到今天還是令我們感到震撼。量子理論真能描述我們的宇宙嗎？或者它只是一種數學「工具」，協助我們預測某些度量的結果？它帶來的那些「形而上的包袱」，我們該如何處理？這些問題經過了一百年，大家還在爭論不休。

儘管量子理論具有一些革命性的特質，卻沒有像二十世紀初的相對論那樣，激起普羅大眾的想像力。這當然有許多原因，首先，相對論是由愛因斯坦一個人獨立發展出來的，含有很強烈的個人色彩在內，而量子理論卻是許多國家的偉大思想家，跨越了三十多年時間的集體成果。再者，相對論的應用領域與我們的日常生活之間已經很遙遠了，量子理論對我們的生活經驗來說，更是遙不可及。十九世紀時，外行人對物理學還有機會略窺門徑，到了二十世紀最初十年，這種機會可以說消失了。正如歷史學家巴森所寫的：「不論在觀念上或數學上，物理學家都需要很特殊的訓練，已經不是聰明的外行人所能掌握的了。這些物理觀念不需要有名稱，但要能以數值公式來閱讀。於是科學家雖然還是很棒，卻已經變成一種異類了。」儘管我希望能在最近這兩章裡，讓大家對相對論與量子理論有些概念，但是對絕大多數的一般人來說，這兩個理論最大的共同點就是：「無法理解」。

量子理論與愛因斯坦的廣義相對論，已經成為近代物理的兩大支柱。而在追求統合的大業上——為大自然的多樣性找出最簡單的解釋——量子理論也幫了很大的忙。普朗克最初並不知道自己的研究最後會變成這麼偉大的貢獻，但在骨子裡，他卻深信大自然最終的單純性。他寫道：「在每一個重要的發展上，物理學家發現隨著實驗的進行，基本定律愈來愈簡化。在混沌的外表下潛藏著的美妙秩序，常令物理學家震驚。」上一世紀，特別是最後的幾十年，量子力學以及它所衍生的量子場論，已經把原子及次原子物理的觀點整合起來，同時還包括了四種自然力中的三種。

在紀念T恤上，量子理論給了我們幾種選擇，看我們想要表揚量子故事裡的哪一段。如果是二十世紀的前半段，薛丁格方程式自然是首選，它掌握了最小尺寸的物理行為。但是，如果我們檢視二十世紀的後半段，我們會發現量子場論的成功，因而改選標準模型。就目前所知，它所包含的費米子與玻色子，正是建構我們宇宙的基礎磚塊。

不過標準模型也有缺點。它聲稱基本粒子有十八個，對很多理論物理學家來說，這條掛氈（這是格拉肖的用語）還是太複雜了。更糟的是，模型裡有些特性是反覆無常的，例如某些粒子的質量，以及控制它們行為的力量強度。比方說，電子比最重的夸克輕三十五萬倍，微中子又比電子輕，為什麼？今天，我們只能以測量來決定這些參數，但物理學家希望有更精緻的理論，利用理論的內部結構來**預測**這些數字。就像歐洲核子研究中心的前主任史密斯所說的，標準模型「太巴洛克、太拜占庭了，不會是完整的故事。」溫伯格也認為：「標準模型顯然不是最後的答案。」

正如我們所見，標準模型是以量子理論為基礎所建構的，而這個理論並未包含重力。物理學家格林伯格與柴林格曾經在《物理世界》期刊上評估量子理論，說它雖然包羅的範圍很廣，但仍然不足以涵蓋物理學全體：

> 所有理論到最後都必然會確定下來，雖然量子理論很成功地包含了許多奇怪的現象，但是當它最後確定下來之後，將仍不足以包含自然界所有不可思議的事情。自然界本身比量子理論更不可思議，因此理論一定會有所遺漏。

因此，在本章的最後，我們和在相對論那章的結尾時有同樣的感覺：我們有個非常成功的理論，科學家將它運用於各種不同的情況，也都得到豐碩的成果。只是在一個很重要的情況下，它失敗了

——量子理論不包含重力。一旦碰到重力，我們必須回到廣義相對論。長久以來，量子理論與廣義相對論似乎互相排斥。就像一對心不甘情不願的新郎與新娘，在走到聖壇之前似乎停了下來。萬有理論的下一步，就是必須促成他們的結合。如今，許多物理學家相信，這項結合是可能的，而答案可能就在一個很奇怪但很漂亮的理論，它認為我們的宇宙是由很小的弦線構成的。

第七章 把尾端綁緊

弦論會是救贖嗎？

萬事始於一，而歸於一。

赫拉克利特

遲早我們將會發現控制所有自然現象的物理原則。

溫伯格

物理學家不輕易說出「革命」這個字眼，只有當新理論根本改變我們對世界的觀點，挑戰已經被接受的常識，以及對大自然提供更寬廣、更徹底的認識時，物理學家才會說它是革命。二十世紀只有兩件事稱得上是革命：愛因斯坦的相對論以及量子力學。如今正是二十一世紀初期，有些物理學家覺得第三次革命已經悄悄地展開了，他們之所以這麼興奮，是因為新的物理架構似乎能把量子理論與相對論結合起來。這個對大自然的新描述，讓我們也許可以瞥見長久以來追尋的最終理論。

這個新方法叫做**弦論**，在問世之後的最初數十年，弦論已經站穩腳步，成為競爭萬有理論的領先者。威滕與葛羅斯這兩位傑出的弦論理論學家，曾在《華爾街日報》上分享他們對新理論的熱情：「終於我們有了新理論的開端，它能改變我們對物理的基本認識，能徹底革新我們對空間與時間的想法，或許還能提供一個架構給統一理論，將所有的自然力整合起來。」

在近代沒有一種科學理論有弦論那種奇特的發展過程，三十多年間，弦論就像坐雲霄飛車一樣，大起大落、上上下下的。它誕生於一九六〇年代末、七〇年代初，幾乎是出於偶然，當時科學家在全世界最大的加速器裡將質子對撞，想看看這項高能物理實驗會有什麼結果，目的是想清楚了解把原子核綁在一起的強核力。但是數學卻顯示，在理論上構成物質最基本的碎片，好像不是點狀的粒子，而是個微小的一維環狀弦。在一九七〇年代，這個理論產生了一些混亂，後來慢慢地淡掉了，部分原因是其他研究強核力的方法有些成效，部分原因是沒有人知道該如何看待弦論怪異的預測。但有少數的物理學家非常固執，盡全力使理論存活——其中比較值得注意的是普林斯頓的舒瓦茲（他現在在加州理工學院），還有倫敦大學瑪麗皇后學院的葛林（他現在是在劍橋），以及法國巴黎最高教育學院的謝爾克。舒瓦茲、謝爾克及葛林研究新理論的方程式，發現了一些很令人吃驚的事：弦論似乎預測了**重力子**的存在，一般認為它是媒介重力的粒子。再經過一些數學演練之後，發現愛因斯坦的重力方程式似乎很自然地從弦論的架構中浮現出來。

忽然之間，弦論似乎不再只是處理原子內核力的理論而已。基本上它是個量子理論，但仔細地研究它的數學結構之後，物理學家還發現它實際上能產生廣義相對論的方程式。換句話說，它是一個真正的重力量子理論，一個有很大潛力的理論，其中包含著量子理論與重力。因此，到了一九八〇年代，物理學家再度為了弦論忙亂不休。

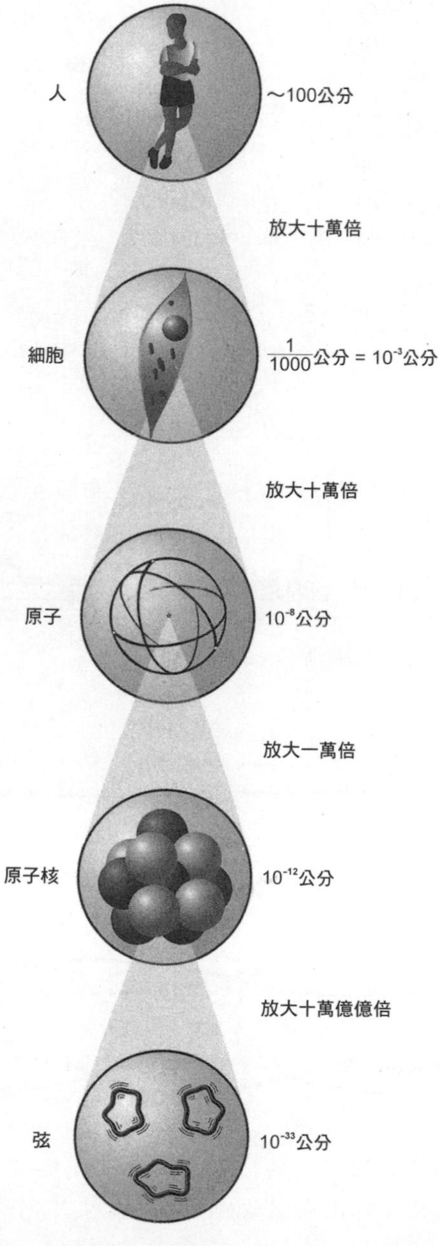

現在我們知道原子是由質子、中子與電子構成的，而質子與中子又由更基本的夸克所組成。根據弦論，這些粒子都是由一環環微小的弦所組成的。

根據弦論，在宇宙最深層之處，並不是由原子或夸克組成的，而是由令人頭昏腦脹的微小弦線組成的。典型的弦尺寸大約是10^{-33}公分，小到一個核子需要十萬億億個弦排在一起，才能延展包覆它。如果這些數目很難體會，我們換個方式來想：如果每個弦的大小相當於一個原子，那麼原子的大小就相當於太陽系。但這些弦並不是靜止的，它們不停地振動，根據它們振動的方式，會表現出那些基本粒子的特性。弦的某種振動方式看起來像夸克，另一種振動方式則像電子。我們可用小提琴上的弦來比擬，小提琴按照弦的各種振動方式，可以發出不同的音符；弦論

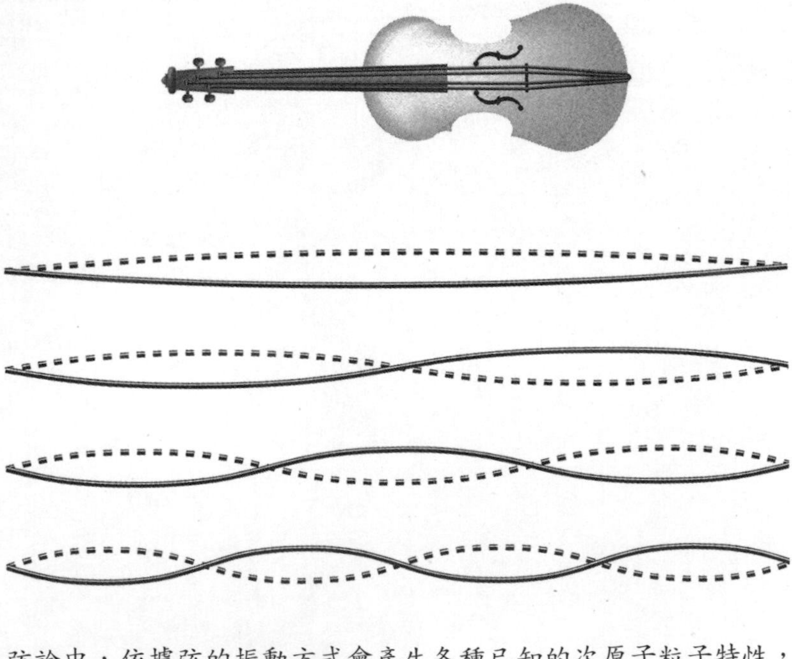

在弦論中，依據弦的振動方式會產生各種已知的次原子粒子特性，就像小提琴，可以依照弦的振動而產生不同的音符。

則似乎能產生無數個不同的粒子，而且每個粒子都可以是基本粒子，有同等的重要性。（之後我們很快就會看到，弦論與一種「超對稱」的觀念相結合，產生新版的理論，有人稱之為**超弦論**。但為了使討論單線化，我們一併稱之為「弦論」。）

新理論被正式命名為弦論

弦論是哪個科學分支的現代發展？

A生物學　B地質學　C化學　D物理學

益智節目《百萬富翁》裡的問題，二〇〇一年十月四日

在九〇年代初期，弦論又碰上另一個低潮，當時物理學家正拚命努力發現理論本身需要的數學模式。但此時理論卻出現了五種不同的版本，以致物理學家們經常開玩笑，說對方是活在別的宇宙裡。這個理論有所突破，是在物理學家把弦論建構在一個有十一維度的空間時，這個觀念取代了我們所處只有四個維度的宇宙（其中三維屬於空間，另一個維度是時間）。其實在七〇和八〇年代就有人提起這個觀念了，但是直到九〇年代中期它才被廣泛接受。這時候普林斯頓高等研究所的威滕，已經在弦論研究上耕耘十年以上了，他發表了一系列的演說，介紹這個新奇的十一維世界。他解釋說，弦論的核心結構不一定是一維的弦，也有可能是二維的膜或更高維度的「P維膜」。P代表維數，因此平常的弦就是一維膜，兩維的膜就是二維膜，依此類推。威滕把這個新架構命名為「M理論」，他解

釋這個M依各人的喜好而定，可以代表魔術、神祕，或是薄膜（這些詞的英文字，開頭都是M）。不久，網際網路上就充滿了M理論的論文，於是弦論再度遍地開花。

根據《時代》雜誌的描述，威滕是「很多人公認最有天分的物理學家，很可能是有史以來最聰明的人。」一九九○年他三十八歲，得到費爾茲獎，這是數學界相當於諾貝爾獎的最高榮譽。威滕一直是個謙虛的人，但他周圍的朋友對他那出類拔萃的數學天才總是讚不絕口。他的學生實在太佩服他了，都叫他「火星人」。有位同事形容他：「像把光帶進了黑暗，不論做什麼事都能點石成金。」令人難以置信的是，他在投入理論物理之前，學的卻是政治學及語言學，而且在二十八歲就當上正教授。

威滕把弦論比喻為理論物理的金礦：「我們發現它好像一個藏著大量金礦的地底洞穴，你每挖一次，就找到一些礦脈。」

我和威滕在一九九七年見過一面，就在他普林斯頓的辦公室裡。當時外面下著大雷雨，他告訴我這個他熱愛的理論，也許有一天會取代相對論與量子理論。一開頭他就提出警告：如同許多理論家，他說在討論弦論時，他不喜歡用萬有理論這個字眼。不過，他顯然很喜歡這個理論的巨大潛力。他用很輕的、近乎耳語的聲音說：「弦論已經有這麼多卓越的發現，很難相信這整件事只是一種巧合，而與大自然無關。我們發現它好像一個藏著大量金礦的洞穴，你每挖一次，就找到一些礦脈。你還不知道裡面有什麼東西，但你確信下面一定有東西，一個我們已經找了很久、一直在找的東西。」

現在弦論的聲勢還是很旺，全世界有幾百位理論物理學家分享威滕的熱情，而且他們的人數還在持續增加。現在在多倫多大學的皮特是紐西蘭出生的物理學家，她說：「目前，我們知道只有一個理論是可能的量子重力理論，那就是弦論。就我們所知，它是唯一可以把所有力以及粒子統合在一起，內部又一致的理論。」物理學家兼科普作家的戴維斯也持同樣的看法：「對於萬有理論，除了弦論與它的衍生產物M理論之外，我不知道還有其他足以匹敵的理論。」

連一些以前批評弦論的人，現在也開始趕上這股潮流，其中包含有名的霍金。過去他曾批評弦論，說它「賣過頭了」或是「相當乏味」，現在則把弦論和M理論納入他研究的宇宙模型裡。借用威滕的話，霍金說那些否認弦論成果的人，「有點像是相信上帝把化石放在岩石裡，是為了誤導達爾文的生命演化理論。」

葛羅斯說，弦論可能「革新我們對空間與時間的想法，或許還能提供一個架構給統一理論，將所有的自然力整合起來。」

弦論與黑洞

如果恆星的質量被局限在一個夠小的區域中，恆星表面的重力場會強大到連光都無法逃脫。

霍金

我對太空物理知道得太有限了，希望能讀讀那位坐在輪椅上的傢伙寫的書。

辛普森老爹

弦論的下一個突破發生於九〇年代中期，那時理論學家把注意力轉移到黑洞上。加州大學聖塔巴巴拉分校的斯楚明格（現在在哈佛）與杜克大學的莫里森，以及康乃爾大學的格林恩（現在在哥倫比亞）一起工作，他們發現黑洞與弦可以用同樣的方程式來描述。就某種意義來說，黑洞可以看成是新架構中的一個基本粒子。但是真正的關鍵在於黑洞的一個特殊的性質，就是它的**熵**——這件事值得進一步來看。

我們從相對論的那一章，知道黑洞的形成是當非常巨大的恆星耗盡了核子燃料之後，向內崩潰而成的。意思是說，它們從我

皮特：「目前，我們知道只有一個理論是可能的量子重力理論，那就是弦論。」

們的宇宙「消失了」，只留下一個強烈的重力場，而這個重力場強到連光線都無法逃脫。但這種把黑洞看成是「宇宙的垃圾壓榨機」的想法，由於霍金的研究，在一九七〇年代中期開始改變了。

霍金是繼愛因斯坦之後，唯一家喻戶曉的科學家以及文化的象徵。不可否認他當然是個很有才華的物理學家，但是他之所以這麼有名，原因有二：第一，他寫了一本流通很廣，但很少人真正看完的科普書——《時間簡史》；第二，他曾經出現在電視節目如《星際迷航之銀河飛龍》和《辛普森家庭》中。他受運動神經元萎縮的疾病所苦（美國稱為路格瑞氏症），終身癱坐輪椅，靠人工發聲器與人溝通。

霍金和以色列的同事貝肯斯坦在一九七三年發表了一篇突破性的論文，他們指出，由於量子力學的效應，黑洞一定會放出某種輻射。如果它們真的放出輻射，科學家就推論它們一定有溫度，而如果黑洞有溫度，根據熱力學的原理，它一定有熵。熵是度量一個物理系統混亂程度的值，它的值愈高，代表愈混亂。（以撞球遊戲為例：在開球之前，所有的子球被排成一個三角形陣列，是系統最有秩序的狀態，此時熵值最小，亂度最低。開球之後，子球被撞開，球檯上到處都是球，此時系統最混亂，熵值也最高。就像許多物理學家愛開的玩笑，青少年的房間往往是全世界熵值最高的地方。）這是第一次，霍金和貝肯斯坦把黑洞熵值的公式研究出來。

但這裡面還有一個關鍵性的問題：黑洞的熵是哪裡來的？有沒有什麼方法可以在微觀的層次上了解它？經過二十多年之後，答案終於出現。一九九六年，斯楚明格與哈佛的瓦法一起用弦論去計算黑洞的量子狀態，然後再用那個值去計算出它的熵。他們得到的公式與早先霍金與貝肯斯坦得到的結果完全一致。兩種不同的方法卻得到相同的結果，這對弦論是一種肯定。

廣泛研究弦論與黑洞關係的皮特說：「黑洞的結果解決了一件二十五年來懸而未決的難題。」而這項發現也產生了其他的效果。弦論成功地應用在天文物理的天體上，使得很多批評者重新思考他們的反對立場。「我認為這件事說服了很多物理學其他領域的人，弦論對我們的宇宙或許真有什麼可說的。」甚至連霍金似乎都誠心地改變立場了，他在一九九六的一場演說中告訴聽眾：「到目前為止，黑洞的量子狀態有幾個不同的維度數字。雖然它們有很大的差別，但都與答案符合……。在每個例子裡，每個人都可以提出許多反對意見，但是當我們面對一個案例，有很多地方可以質疑，爭議性很大，卻有著相同的結果時，我們傾向於相信它。」他後來說，黑洞的結果「大大增加我們的信心，知道自己正走在宇宙理論正確的道路上。」

霍金在一九七〇年代的照片。他曾批評弦論，現在卻說：「我們走在宇宙理論正確的道路上。」

弦論與大霹靂

有個理論說，如果真的有人發現宇宙是什麼，它為什麼在這裡，那麼宇宙會立刻消失，由更怪異而費解的東西取代。

而另外有個理論說，這件事已經發生了。

亞當斯，《宇宙盡頭的餐廳》

黑洞的環境非常奇特，是測試弦論很適合的地方。它的重力非常強大，而且它是個很小的區域，其量子效應無法被忽視。換句話說，黑洞只能用同時包含廣義相對論與量子力學的理論來加以描述——一種類似於弦論的架構。

但是還有另一個環境具有相同的條件，那就是早期的宇宙。就像我們先前說過的，天文學家相信，我們的宇宙是由一百四十億年前的一場大爆炸產生的。大爆炸發生後的瞬間，大約是10^{-34}秒，當時宇宙的溫度與密度都高到無法想像。事實上，現在構成我們宇宙百億個銀河的所有物質，當時都擠在一個質子那樣大小的空間裡。物理學家相信，當時大自然的四種力——兩種核力、電磁力與重力，都糾纏在一個統合的力裡。但是這種統合並沒有撐多久——當宇宙的年紀到達十億分之一秒時，它的溫度降到大約攝氏10^{15}度（這個溫度仍然是太陽核心溫度的千萬倍），此時四種力開始分開。

宇宙學家熱烈地想探索這個早期宇宙領域的理由非常明顯，我們現在看到的宇宙，終究是那些初始條件的直接結果。一聽到要回溯時間，各位可能會認為我們應該需要一具時光機。從某種角度來看，確實如此，但它並不是科幻小說裡所敘述的那種設計奇妙的機器。其實宇宙學家所利用的，是光速是有限的這項事實，因此我們所看到遠距離的物體，一直都是它過去的影像。換言之，就連平常的望遠鏡，都可算是某種時光機。因為光從它那裡到我們的眼睛，需要一段時間。舉例來說，當我們看著太陽時，我們看到的是八分鐘前的太陽；半人馬座α星是離地球最近的明星，我們看到的是它四年前的樣子；至於仙女座銀河，我們看到的是兩百萬年前的景象，依此類推。透過宇宙微波背景輻射的研究，我們探索的範圍甚至超過最大的光學望遠鏡，而最近可能很快就會運作的第一具重力波偵測器，或許能告訴我們更多大爆炸之後第一時間內發生的事情。

但是就理論研究而言，只有某種結合了相對論與量子理論的架構，才可能解釋這種極端緊密的早期宇宙特性。這就是為什麼許多宇宙學家開始利用一些以弦論為基礎的觀念，來探索大霹靂的物理特性。我們很快就會聽到一些很大膽的、以弦論為基礎的模型，但在此之前，我們需要先仔細看一看早期宇宙的大霹靂模型。

幾十年間，宇宙學家注意到宇宙有

「對我而言，它們都是弦論。」

一種所有方向都相同的特性，不論天文學家把望遠鏡朝向何方，都會看到密度大約相同的銀河系，甚至連微波背景輻射都是均勻的，除了少數的微小漣漪之外，背景顯然非常平均。這個「平坦問題」已經困擾物理學家很久了，由於光速是有限的，因此宇宙的廣闊區域彼此之間，不可能有「接觸」。我們用個很粗淺的比喻：假設你是個老師，發現兩個座位相鄰的學生，交來的考卷答案一模一樣，顯然你會認為其中的一個學生抄了隔壁同學的答案。但假如**所有**學生的答案全都一模一樣，事情就有點奇怪了。就算有人真的抄了隔壁同學的答案，但是要把資訊傳遍整個教室，是需要一些時間的。如果教室非常大，測驗的時間又很短，而交來的所有答案又是一致的，那就更奇怪了。這個問題在一九八〇年被史丹佛大學的天文物理學家古斯解決了（他現在在麻省理工學院），他把原來的大霹靂模型稍作改良，新的理論稱為**暴脹**。

根據這個暴脹模型，宇宙在大霹靂之後的第一時間，經歷了一段急速的、指數型擴張的階段，大概是從爆炸後10^{-35}到10^{-33}秒之間。在這麼短暫的時間裡，宇宙從一個質子的千億億分之一的大小，脹到大約葡萄柚的大小，大約膨脹了很恐怖的10^{50}倍。在這個暴脹模型裡，暴脹前的宇宙很小，資訊很容易傳遍整個宇宙，因此是均勻的。（用前面那個例子來看，如果教室很小，學生的確很容易彼此瞄來瞄去的，但如果在體育館，就很難了。）可是暴脹的理論並不完整，因此隨後幾年又出現了許多修正，到了一九九〇年代，大部分的天文物理學家都接受了暴脹模型的基本觀念，幾乎每個度量與觀察，都和理論的預測符合。

不過在二〇〇一年春天，普林斯頓的物理學家史坦哈特與同僚，提出一個暴脹模型的替代方案，就是所謂的「劫火宇宙」（ekpyrotic universe，這是從希臘文借來的，代表燒遍宇宙的大火）。這個模型是以我們早先聽到那個弦論的擴大理論為基礎而來的，在此，物質是由多維度的膜所構成，而不是一維的弦。雖然它聽起來有點超現實，劫火模型描述的宇宙是這樣的：我們熟悉的三度空間宇宙像個巨大薄膜（一個三維膜），漂浮在有許多平行薄膜的多維宇宙裡。在這個圖像裡，大霹靂有完全不同的重新詮釋方式，史坦哈特的模型所描述的大霹靂，是兩個相鄰薄膜之間的碰撞，就像兩塊巨大的板子，「啪噠！」一聲疊在一起的宇宙級碰撞。

劫火模型如何處理宇宙平坦性的問題？史坦哈特說，所有薄膜的運動都是緩慢的，因此資訊有充分的時間可以傳得很遠。（在我們教室的例子裡，就好像把測驗的時間拖得很長。）此外，比起暴脹模型，劫火模型還有一項優勢：在暴脹情境，一切是由大霹靂開始的，在物理學上，這是個「奇異點」，它的溫度與密度都是無限大，是傳統理論無法處理的麻煩狀態；但在劫火模型裡，我們的宇宙從未限縮到時空上的一個點，因此不必處理奇異點的問題。

最近，史坦哈特與他的同事又把劫火模型往前推進了一步：不僅沒有奇異點，宇宙也沒有所謂的「開始」。他提出「循環宇宙」的觀念，認為我們的宇宙像膜一樣，在多維的宇宙裡不斷地膨脹收縮，來回彈躍。在這個模型裡，我們以前所認為的大霹靂，只是永恆宇宙在兩個不同狀態之間的變化過程。史坦哈特說：「這裡的中心議題是，在大霹靂的時候到底發生了什麼事。如果我們沿著時間追溯回去，會碰上一個終點？或者時間會繼續往前，通過轉變期到達先前即已存在的階段？最後，我認為弦論能回答這個問題。」史坦哈特認為，總有一天會有個實驗，讓科學家能分辨這兩個模型的不同預測，其中最有可能的是用重力波的偵測來研究大霹靂遺留下來的原始「重力印記」，或是檢驗宇宙微波背景輻射，尋找那些掃過整個初期宇宙的重力波效應。但是這些度量可能都是多年以後的事了。

到目前為止，劫火模型的接受程度不一，有些天文物理學家對這個暴脹模型的另一種選擇表示歡迎，不過他們也警告相信劫火模型的人，暴脹模型比較穩健。林德對原始的暴脹模型有重要的貢獻，他就覺得劫火模型太複雜了，有點類似中世紀用本輪來解釋的宇宙觀。但是史坦哈特的提議卻預示了天文物理的理論發展又進入了一個新階段：這是第一次，那群研究大宇宙的科學家，開始對弦論有高度的興趣，並且一致努力把弦論應用於宇宙本身。弦論學家與天文物理學家之間的類似對話，很快就變得很平常。就如皮特所說的，甚至在她自己的校園裡：「我們有一堆研究天文物理與重力的人，從實驗那一端到弦論的理論這一端，經常互相討論。」斯塔克曼是克利夫蘭凱斯西儲大學的粒子及天文物理學家，也認為弦論現在非常盛行，已經無法忽視了。他說：「當我進行基本理論的研究時，一定要先確定它是否和弦論有關，或至少與弦論相容。」

測試弦論

但是弦論的理論學家還不到開香檳的時候，其中最大的問題是：這個理論描述的粒子與力的行為，都是在極高能量下的狀態，就算是全世界最大的加速器想要探測弦論的效應，還弱了百億億倍，因此幾乎沒有辦法直接實驗。一些像費米實驗室或歐洲核子研究中心這類機構，可以產生夸克或介子這類的粒子，但是想偵測到弦，可以說完全沒希望。（要想直接研究弦，加速器可能要大到像太陽系一樣，這種東西在可以想像的未來，顯然是不可能的事。）就算是黑洞的熵這一類的突破，也很難加以「實驗」（畢竟最靠近我們的黑洞，距離也在一千光年以上）；這只是兩個純理論研究之間的一項簡單論述。懷疑弦論的人認為，未經過直接測試的弦論，只能當成是某種數學而不是物理——弦論要成為物理的理論，至少要能做出可以經過實驗證實的預測，而不能只是在黑板上演算。就連那些謹慎贊成弦論的人，也避免把全部的希望都放在這個無法用實驗證實的觀念上。

斯塔克曼說：「我還不認為弦論是物理，它只是有機會成為物理的美麗數學而已。到目前為止，沒有人想到如何做出可以驗證的預測。」但是斯塔克曼承認弦論已經有些形狀了，好像一個人肩膀以上的部分都已經露了出來。當然，也有些可以匹敵的理論存在：如「量子重力環」，它假設空間本身是由微小的環構成的，而不是物質與能量；另外還有個「扭子理論」，是廣義相對論的分支，認為基本的是光，而不是空間的點。這兩個理論距離成形尚早，仔細討論它們也不是本書的範疇。至少到目前為止，弦論是聚光燈的焦點，吸引了許多聰明的研究生來研究它。雖然還稱不上是萬有理論，但斯塔克曼說：「它是目前僅有的遊戲。」

弦論最有名的批評者是格拉肖，他是哈佛的物理學家，得過諾貝爾獎。（我們在上一章提到過，他發展了電弱理論，整合了弱核力與電磁力。）他認為至少到目前為止，弦論並未涉及真實的世界。一九八七年，他接受BBC電台訪問時說：「我很高興有很多同事在研究弦論，這樣他們就不會來煩我。」接著他半開玩笑地說，自己曾盡力「使這股傳染病不要傳入哈佛校園，但是到目前為止並不很成功。」十年後我又訪問格拉肖，他還是保持懷疑的態度。他解釋說，這個理論只存在於巨大的能量下，使它不可能被證實。格拉肖說：「弦論要被接受，必須經過實驗；它必須能重現我們已經知道的事情。」他承認，弦論或許可以解釋重力，但這還不夠。它必須能同時預測強、弱核力與電磁力的互動。「目前弦論還辦不到。我們可以說，它還飄在半空中。」

不過，弦論的理論學家還是希望能把他們飄在半空中的理論帶到地面上來。弦的本身也許是無法觸及的，但應該有一些可以間接驗證的方法，其中最有希望的部分是驗證**超對稱**的觀念。

超對稱與隱藏的維度

超對稱是一種被懷疑可能存在的微妙對稱特性，是一種與我們在前一章提到的兩類基本粒子有關的自然規律，這兩類粒子就是構成物質本體的費米子，以及在費米子之間傳遞作用力的玻色子。這個想法可以回溯到三十年前弦論剛誕生的時候，它指出每個費米子都有一個對稱的玻色子，反之亦然。說得更明確一點就是，超對稱預測了一組新的基本粒子，對應於每一個我們已知的基本粒子，都有個**超粒子**存在。這個超粒子比它們對應的正常粒子質量重，卻從未被觀察到，不過下一代的巨型粒子加速器，或許有足夠的能量可以觀測到它們。由於超對稱與弦論有關，弦論的擁護者正熱切地期待這些新型加速器的實驗。

弦論正如格拉肖說的：「存在於巨大能量之中。」這些超粒子可以在較易達到的較低能量中來加以研究。觀察超對稱最好的機會，是在一個稱為「大型強子對撞機」的加速器裡，這個加速器目前正由日內瓦附近的歐洲核子研究中心建造中＊。（所謂強子，是與強核力有關的粒子。）這具耗資

＊大型強子對撞機已建造完成，並於二〇〇八年試運轉成功，成為世界上最大的粒子加速器設施。

四十億美金的加速器，比現在世界上最強的加速功率高七倍，後者則在美國的費米實驗室裡。（本來美國也準備在德州蓋一具「超導超級對撞機」和歐洲互別苗頭，但美國國會在一九九三年削減了它的預算。）歐洲的新加速器在每一秒鐘內，可以讓數十億個質子對撞，有機會可以產生目前未知的、質量更大的基本粒子。這是目前科學家所能做的，最接近大霹靂的情況，讓物理學家可以探索在10^{-21}公分尺度的物質結構。如果真有超粒子存在的話，新型加速器應該有足夠的力道偵測到它們。皮特說：「如果我們真的發現了電子的超對稱同伴，將會令人欣喜若狂。」屆時，「很多人就會認為弦論可能是這個世界的正確理論。」

超對稱也許並不是弦論中唯一可以用實驗來探討的觀點，正如我們早先說過的，弦論似乎在十一維的空間裡，最適合用數學公式來表示（雖然有些公式只需要十維）。如果你很難想像這麼多維度也不必擔心，別人一樣無法想像。這些額外的維度只是數學上的需要，使公式能夠前後一致而已。在日常的真實世界裡，這些額外的維度都蜷縮起來，隱而不顯，只出現在極小的空間裡。這裡可以舉個例子：想像有根水管（如圖示），從遠處看它是一維的，像條線一樣，水管上的任何一端看起來都只是一個點。但如果我們靠近一點，就會看出水管實際的樣子，它是有其他維度的，我們原本以為是個點的地方，其實是個小小的圓。不過，請注意這兩種維度之間的差別。如果有隻螞蟻沿著水管縱向爬行，牠可以走很長的距離；但如果牠只是沿橫向爬，就只能移動很短的距離，很快就會回到起點。物理學家認為，弦論那些額外的維度也是這樣的：當三個空間維度與一個時間維度很大的時候，那額外的七個維度可能蜷縮在一個很小的距離之內，其尺度或許小於一個質子的尺寸。

弦論並不是第一個認為我們宇宙的維度大於四的理論，早在一九二〇年代，波蘭物理學家卡魯扎及瑞士物理學家克萊因，為了統合馬克士威的理論與愛因斯坦的廣義相對論，就曾經提出過一個五維的架構。雖然有少數的物理學家，包括愛因斯坦在內，對這個理論的漂亮數學很感興趣，但大部分的人卻對此很困擾，他們覺得這個理論並沒有描述什麼真實的東西。後來，當科學家發現了強核力和弱核力，卡魯扎及克萊因的理論似乎顯得不夠完整，額外維度的想法就被放棄了——至少又過了五十年，弦論及超對稱性才又讓額外維度的想法成形。

對弦論的理論學家來說，他們要面對的問題是，弦本身的尺寸非常小，幾乎不可能實際探測，那麼這些隱藏的維度，有沒有什麼辦法可以展現出來？這個問題的關鍵可能在於一種大家都很熟悉的力，也就是重力。在牛頓的理論裡，重力與距離的平方成反比。牛頓指出，在我們太陽系裡的天體，不論是行星、衛星或彗星，都可以用重力理論來描述它們的運動。

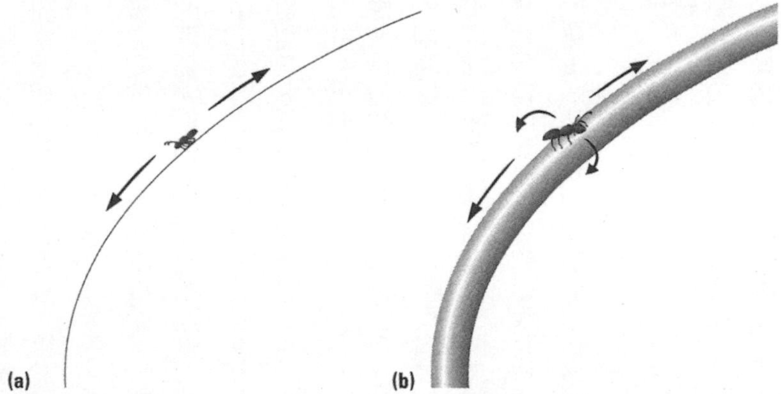

從遠處看，水管像是一維的線，但是在水管上爬的螞蟻卻知道它有其他維度——水管有個橫斷面。根據弦論，我們的宇宙可能含有「隱藏的維度」，這些維度蜷縮在很小的尺度裡，隱而不顯。

後來天文學家發現，那些距離地球許多光年的星系，甚至銀河本身或百萬光年之外的銀河星系團，其運動也可以用重力理論來描述。牛頓也指出，地球上的自由落體也符合重力理論，因此重力又稱為萬有引力。

在十八世紀末，英國物理學家卡文迪西探索了小尺度之間的重力，他仔細度量了一對相距二十公分的鉛球，發現它們之間的吸引力也符合距離平方反比的關係。但如果距離更小，重力的行為會如何改變？如果距離只有一公分或一毫米，會發生什麼事？在這麼小的尺度裡，重力的量測極為困難，但是這種實驗的結果可能非常有價值。如果弦論描述的隱藏維度是正確的，那麼在這麼小的距離之內，重力可能會偏離距離平方反比的關係。

現在，一些美國和歐洲的實驗室，正在設計一些實驗來度量重力在一毫米或少於一毫米距離內的變化。弦論的開發者舒瓦茲表示：「在此範圍內若有第五個維度，那麼在第五維度出現的尺度裡，距離平方反比的關係就會變成距離立方反比的關係。」如果真的出現了這種距離立方反比的關係，那麼距離加倍之後，重力會減弱八倍，而不是減弱四倍。「雖然到目前為止，我們還沒有這樣的證據，但是相關的實驗還是可以做得更深入一些。是否存在隱藏的維度，是個可以用實驗來探索的一個非常基本的問題。」

研究這些額外的維度時，物理及天文物理學家把焦點特別放在「膜」的觀念上——就是我們先前提過的，由弦論延伸出來的高維度基本單元。在一些膜的圖像版本裡，多餘的維度可能非常大，而不是非常小。就如同我們在史坦哈特的劫火模型所見，有些科學家甚至提議，隱藏的維度可能圍繞著我們生活的宇宙，尺寸可能是無限大。物理學家懷疑，膜的圖像或許能說明為什麼重力如此微弱。當其他三種力「陷在」我們熟悉的四維世界裡，重力可能「洩漏出去」進到某個隱藏的維度。膜也能解釋「暗物質」的問題——為什麼宇宙中除了我們熟悉的星星與銀河之外，似乎大部分都由不會發亮的物質所構成？科學家沉思後認為，這些消失的物質可能被陷在其他的膜裡，但它們的重力（而不是光線）卻滲進了我們的宇宙。

有個額外、單一而無限大維度的複雜變化，顯示出這個維度可能是彎曲或變形的，而不是平坦的。這個觀念是哈佛的藍道爾與史丹佛的桑卓姆（現在在約翰霍普金斯大學）提出來的。他們的前提與史坦哈特類似，認為我們的宇宙「在高維度的空間裡，被局限在一個低維度的孤島上。」這是桑卓姆說的。

如果這個藍道爾—桑卓姆的圖像正確，它或許能解釋物理學家所謂的「階層問題」：為什麼統合電磁力與核力所需要的能量這麼低，比起要把重力也統合進來所需要的能量，簡直微不足道。這個理論也預測了一些奇怪的新粒子，歐洲的加速器可能在十年之內就能偵測得到。藍道爾說，這個理論「在標準模型之後，為物理學開啟了一個全新的領域。」

藍道爾與桑卓姆。他們受弦論啟發而建構的宇宙模型或許能解釋，為什麼重力與其他自然力的整合，需要這麼高的能量。

當然，所有這些觀念都有著高度不確定性，但它們並不是理論物理學中最具不確定性的觀念。至少它們都有得到實驗支持的可能性，而且彼此相關，都和弦論綁在一起。儘管弦論對世界的觀點很奇怪，卻是目前最有希望成為萬有理論的主角。

方程式中的美麗

數學擁有的不僅是真實，還特別美麗。這種美麗像雕像一樣，沉靜而單純……極為純淨，近乎完美，只有最偉大的藝術作品能有這種表現。

羅素

任何一位物理學家都會告訴你，新理論的實驗測試是極為困難的。一個理論的預測若有實驗來支持，那麼這個理論「很可能是真的」，或至少「有機會是真的」；一個被實驗否定的理論是沒有價值的，很快就會被丟棄。不過，總是有人會堅持舊的典範，而且就像孔恩和許多哲學家及科學家所指出的，理論的提出與消失，也不一定很快就會發生。當然，和實驗矛盾的理論最後一定會被丟進歷史的垃圾箱。正如哲學家弗拉森所說的，科學理論「出現之後必定經歷激烈的競爭，就像叢林裡血淋淋的生存競爭一樣，只有通過實驗考驗的，才能存活下來。」

但是從我們整個故事，尤其是本章內容看起來，另外還有一個指導原則在運作，就是數學的「美麗」或「優雅」。當物理學家與數學家使用這個詞的時候，我們很難正確描述他們所指的意義，就像對藝術家和音樂家來說，很難解釋他們為什麼會被某些設計和旋律吸引一樣。數學之美是物理學家在搜尋對大自然簡單、統一的描述時，無可否認的要素。

當哥白尼與克卜勒努力想要了解太陽系的本質時，我們也看到這個原則的運作。在哥白尼的眼中，以太陽為中心的模型比托勒密的系統優雅多了，他描述自己的模型「顯示宇宙驚人的對稱，以及星體大小、運作的穩定與和諧關係……。」當克卜勒發現行星軌道可以用簡單的數學定律來描述時，他說自己的模型讓他覺得「對於這個系統的美麗，心裡充滿了難以置信的愉悅。」厄司特發現了電與磁之間的關係之後，寫了《自然的靈魂》，談到科學之美與藝術和音樂之間的和諧。到了二十世紀，我們也看到愛因斯坦熱愛幾何學，對廣義相對論的方程式近乎迷戀，說它們有著「無與倫比的美麗」。海森堡是量子力學的先驅，說自己的方程式「異常美麗」，還說理論包含著「豐富的數學結構」。狄拉克曾經很感慨地說：「方程式的美麗與否，甚至比是否符合實驗結果更重要。」

今天，在對弦論的支持上，我們也聽到同樣的感性語詞。威滕把弦論比喻成一個理論物理的金礦；瓦法用弦論去度量黑洞的熵值，說這個理論是「我們所擁有最漂亮而結構完整的理論。」哥倫比亞的弦論學家格林恩最近出了一本書，書名是《優雅的宇宙》，可見他心中也有一種美的想法。當然，讓心中的美學概念來推動一個人的研究計畫是很危險的，就是因為亞里斯多德、托勒密，甚至連哥白尼都確信行星的軌道是圓形的，所以他們才沒有去尋找其他的可能性。好不容易克卜勒終於發現行星軌道的真正形狀是橢圓的，但是他對五種「正多面體」的喜好，也曾將他引入歧途。

甚至連愛因斯坦到了晚年，也過度強調數學的美麗。在他努力想建構出統一場論時，曾提到數學是「唯一可信賴的真實來源」，但他的努力終究沒有成功。愛因斯坦的傳記作家弗爾辛曾警告說：

「就像沒有數學的理論物理學家是無助的，那些與事實無關的數學再漂亮也沒有用。」他說愛因斯坦老年的時候，「高估了只透過數學了解自然的可能性，而且相當地任性。」克卜勒最後了解自己的錯誤，並改正過來，愛因斯坦卻沒有。雖然有將事情過度簡化的風險，數學的優雅卻是發展物理理論的一項導引（當然並不是唯一的導引）。沒有人能否認，在既有的紀錄上，漂亮的理論遠多於不漂亮的理論（但是大家要記得，所謂漂亮與否並沒有一個很明確的定義）。

當然，如果問**為什麼**數學對物理學家而言是這麼有用的工具，這又是另外的問題了。匈牙利數學兼物理學家韋格納，對於以數學描述自然這件事上有一段很恰當的話，而且大部分的科學家都有同感，他說：「數學是個很美妙的禮物，我們既不了解，也配不上它。」伽利略曾說過數學是大自然的語言，舒瓦茲回應這段話，說：

> 所有物理理論上的重要進展，尤其是那些處理基本問題的，都有很優雅的答案，這似乎是個很深奧的真理。事實上，數學是處理這些事情的正確語言，這已經是一項深刻的真理，我不認為有任何人真正了解它。大家只知道事情就是這樣，我發現這件事其實很奧妙。

舒瓦茲：「事實上，數學是處理這些事情的正確語言……已經是一項深刻的真理，我不認為有任何人真正了解它。」

在《最終理論之夢》這本書裡，溫伯格是這麼寫的：

物理學家經常被他們感覺美的想法所引導，這不僅是在發展新理論之際，就連評判已發展的物理理論的有效性也一樣，好像我們事前就已經知道大自然基本上應該是美麗的。在我們朝著發現自然的最後定律發展的時候，沒有什麼東西比美更能鼓舞我們了。

值得補充的是，美麗可以暗示我們可能成功的道路，而不夠美麗可以提醒物理學家，有什麼事不對勁。在上一章裡，我們看到標準模型顯示出基本粒子的多樣性，但是它大量反覆無常的參數，就令物理學家猶豫。簡單地說，他們覺得標準模型太醜、不夠優雅，不像是最後的答案。

旁觀者的看法

乍看之下，這些關於數學之美麗與優雅的意見，似乎似是而非。一個新的理論也許會為物理學帶來更簡化的觀點，但伴隨它的卻是一些難解的數學，**看起來**可能一點也不簡單。不過我們必須要記得，數學的美麗與藝術品的美麗一樣，都是對旁觀者而言的，當然這是指有相當訓練的旁觀者。粒子物理學家看一組方程式，或許看得出裡面結構的美妙，但是對我們這些普通人來說，很難看出**任何**方程式裡的**任何**美。當我請教物理學家列德曼這個問題時，他把物理與藝術做了一番比較。就像立體派的畫作會使提香與林布蘭覺得困惑，弦論的方程式對牛頓或笛卡兒來說也會有些不解：

美麗是受過訓練的旁觀者所看到的東西。我認為這需要一些練習，也需要一些經驗。在藝術作品的欣賞上也是這樣。假設有一位十七世紀的畫家，碰上現代的抽象畫，他一定看不出這作品的美麗，不像和作品同時成長，經歷過各種畫風改變階段的人的眼光。……音樂也一樣。現在有各種現代音樂及無調性音樂，深受經過適當訓練的人士喜愛，但是對貝多芬或莫札特時代的作曲家來說，一定覺得它們很怪異。因此，欣賞需要一些訓練，尤其牽涉到數學在內時。當我們覺得一個理論很漂亮，主要是因為它用數學來表示；而對經過訓練的人來說，數學本身就能多方面地表現出它的美麗與單純。

列德曼提醒我們的是，有些東西我們現在覺得不漂亮或不舒服，也許只是不習慣，下一代的人可能會覺得它非常美。這種事在藝術世界裡到處可見，一點都不奇怪，有些我們現在認為是傑作的作品，在當年可是被批評得體無完膚、一文不值。（巴黎的艾菲爾鐵塔就是個很好的例子。一八八〇年代完工時，批評者說它是「畸形的」「粗魯野蠻的廢鐵堆」「令人覺得無言以對」以及「一堆金屬螺栓的討厭柱子」；然而時至今日它卻是巴黎的地標，也是建築的傑作。）

列德曼所說的「訓練」，不論是藝術或是科學，都要費很大的力氣——為了要真正看懂現代物理的理論，需要很多的數學。任何念過大學物理課程的人都明白這一點：為了掌握物理學，必須先掌握數學，而愈想深入高階物理，要學的數學愈多。

這種狀態反映在整個物理的歷史當中。當牛頓研究運動時，了解自己需要一組新的數學工具，因此他發明了微積分；愛因斯坦的過程稍微輕鬆一些，在他整理廣義相對論的時候，發現黎曼已經發展出一套適用於彎曲空間的幾何學，正好可以當成其新觀念的結構。現在，弦論的理論學家所處的尷尬情況，正好介於牛頓與愛因斯坦之間，他們忙著學習難懂的數學分支，你可能聽到他們談論拓樸學、同倫學、同調學、李代數之類的東西。而當這些方法不夠用時，他們就不得不發展一些新技巧，用以前沒有的數學大膽提出自己的方程式。

甚至連最有才華的物理學家，也發現弦論的部分細節非常困難。舒瓦茲說：「我必須承認，我要努力去學一些我以前從未料到自己必須知道的數學。」戴森也是個很聰明的物理學家，對量子電動力學有很重要的貢獻，他回憶八〇年代有一次在普林斯頓聽威滕的演講，九十分鐘講完之後，聽眾呆若木雞，靜靜地坐著。「沒有人敢站起來問問題，暴露出自己無知的程度。」得過諾貝爾獎的粒子物理學家列德曼也有類似的經驗，當時威滕在費米實驗室

「噢，它怎麼這麼簡單。」

演講。「我聽完之後立刻跑回實驗室，想把聽來的內容告訴同事，但是當我到了實驗室，大半的內容卻都記不起來了。」

有辦法把弦論變得簡單些嗎？

也許可以，當它發展得更成熟，我們對它的數學技巧也更了解，弦論可能會比較易懂。威滕表示，弦論的理論學家除了要面對理論的挑戰，還必須面對數學家的挑戰，就像愛因斯坦及物理學史上那些偉大的改革者一樣。以廣義相對論為例，威滕說：「起初大家對它的複雜性，都覺得眼花撩亂，後來比較了解之後，就開始欣賞它的美麗。」上個世紀馬克士威的理論，也有同樣的遭遇。「馬克士威的電磁學方程組，當時的人認為非常困難而複雜，北美洲幾乎沒有人懂，想要學的人必須遠渡重洋到歐洲去。但是現在，我們用它來教大一的學生。」（在藝術上情況也一樣，就以巴黎鐵塔為例，當大家熟悉它的材質——鑄鐵，而鑄鐵的應用也逐漸傳開之後，大家才覺得它美麗起來。）

艾菲爾鐵塔曾被批評者視為眼中釘，但是當鋼構材料變得更普遍，人們開始覺得它新穎的設計很漂亮。物理學的新理論中經常有很多數學，也面臨類似的挑戰。

而最重要的一點，也是所有弦論學家公認的，是弦論本身與它的相關理論如M理論、P維膜這些東西，都還在「建構中」。一旦我們的了解加深，理論學家希望它們內在的美麗可以充分顯露出來。威滕說，最後弦論應該會像相對論與量子力學一樣，成為大學物理系的課程。就如物理學家兼作家的巴羅所言：

當我們在從事物理和數學工作時，剛開始通常會用些複雜與困難的方法，後來才發現這是不必要的。因為對於不熟悉的工作，我們會使用自己熟悉的工具，而不是最合適的工具。好比你用了很笨拙的方法，花了很大的力氣，去蓋了一棟新建築。別人看了之後，改用比較好的數學工具和比較簡單的方法去重新再蓋一個。你將從正確的方向重新看這件事，然後想：「如果我們一開始就知道它是這個樣子，我們的做法會簡單得多。」因此，若一件事看起來非常複雜，很可能只是因為這件事還在發展中。

巴羅表示，萬有理論最後也必定會經過這樣的簡化過程，不管它是由弦論發展而成，或是一種現在尚未發現、完全不同的東西。他說：「如果我們真的發現一個很好的『萬有理論』，一定會有個簡單的方法來解釋它。最後，一定有辦法讓一般人對它的主要觀念有合理的認識。」馬克士威通俗傳記的作家托爾斯泰也同意巴羅的見解。一旦某個理論發展成熟，一般人應該能「看透」數學，看到它核心裡的單純概念：

> 物理學家的工具——他的數學能力、他的實驗技巧——與他思想之間的關係，很像畫家的畫筆與他作品之間的關係，它們很重要。但是喜愛藝術作品的人，能從作品中摘取林布蘭的精華，完全不必理會畫布、色彩那些技巧。作品所傳達的資訊已經超越了技巧與媒材，讓數百萬人得以接近。

未完成的革命

由於弦論尚未完成，當然還會有許多批評。牛津大學知名的數學物理學家彭羅斯就認為，弦論「還早得很」，但「已經對其他領域產生經費排擠了。大家把弦論和一些很漂亮的數學聯想在一起，可是這些數學雖然漂亮，卻不代表它們一定是對的。」如先前所言，最常見的反對意見，是弦論尚未經實驗直接證實。將電磁力與核力整合在一起，而得到諾貝爾獎的荷蘭物理學家霍夫特提醒，弦論在解釋特定的物理或天文參數時，已經鬧得「沸沸揚揚」，但是到目前為止，「弦論還無法預測任何事情，對於自己所謂的『大突破』（應該）要更謙虛一些。」

在此同時，弦論學者也很快承認，他們的理論離完整還早，連弦論的最新化身M理論也一樣。不過，他們已經發現十幾種有競爭力的數學結構，現在正在設法了解方程式底下的基本原則。霍金說：「在M理論這個拼圖的核心部分還有個缺口，我們不知道是什麼東西。」舒瓦茲也說：「對這個美妙的數學結構，我們離完全了解還早得很呢。」

誠如我們所見，這些困難的根源主要是因為弦論是意外發現的。回到一九八〇年代，威滕常常說，弦論好比是二十一世紀的物理，意外地掉到二十世紀物理學家的手中；而芝加哥大學的哈維則表示，弦論的發現「好像原始社會的人發現了一件其他文化留下來的先進工具，你按按這個鍵，它就做了一件事，按另一個鍵，它又做了別的事。透過按下不同的按鍵組合，你開始了解它的強大功能，發現它能做各種有趣的事。」至於它為什麼會這麼做，或者它能做到什麼程度，我們都還不知道。弦論或許照亮了道路，但我們還沒有抵達目的地。

我們故事的重點，是要找出「T恤上的最終定理」——如果有這樣的方程式，它必須能描述宇宙如何整合在一起，而且應該是簡明而優雅的。但是到目前為止我們還沒找到。我們現在最多能做到用**兩組**公式來描述我們的宇宙：一個是用廣義相對論來描述巨觀的世界，從地球上的力學，一直到行星、恆星與銀河的運動；另一個則是量子力學，用它來描述的是微觀世界，包括夸克、電子和其他次原子世界裡的基本粒子。弦論以及它衍生出來的M理論，似乎有希望把這兩者統合起來，或說綁在一起，但是目前弦論還不完整。擁護弦論的人是因為它有希望用量子特性來描述重力，以及它的數學「很漂亮」；但批評的人卻認為它還未能做出明確的預測。所以弦論還不是最後的理論。

在此同時，理論物理學家正在盡他們最大的努力：根據自己知道的宇宙**現況**，推測宇宙**可能會**是什麼樣子。他們有個強而有力又範圍很廣的數學工具箱來協助調查工作，對美感的渴望也能協助他們，選擇出最可能的路徑。他們的很多觀念，或者說大部分的觀念都是錯的，有些例子還錯得很可笑，但是其中總是有些新觀念可能有機會開花結果，有些甚至能朝著萬有理論的目標發展，而這種機會偶然就會變成真正的理論。就像愛因斯坦說的：「對於理論學家的『空想』不應該吹毛求疵，反而應該鼓勵他自由自在地去想像，除此之外，沒有其他方法可以達成目標。他的空想並不是沒有意義的白日夢，而是有系統地尋找最簡單的可能性及它們的結果。」

第八章　意義何在？

科學、上帝與了解的極限

我們對事實毫無所知，對真理只有些許認識。

德謨克利特

世界的永恆之謎在於它能被理解。

愛因斯坦

想像在二〇五〇年，有位聰明的年輕物理學家，也許正好是你的孫子或孫女，終於完成了萬有理論。接下來會怎樣？或許在大街上有一場盛大的遊行，也可能只是在校園裡辦個小小的酒會。粒子物理學家一定非常興奮，新理論終於能解釋標準模型裡那些看起來反覆無常的參數。電子的電荷、介子的質量、四種自然力的強度……所有這些事情忽然之間都變得有意義。在觀察大自然的時候，新理論會**要求**這些參數有它的特定值。粒子物理那些複雜的夸克、輕子和玻色子，在新理論中會有個更簡單、明瞭又優雅的圖像。

物理上統一的理論對宇宙學也會有深遠的影響，它會闡明那個值得紀念的時刻——那個在大霹靂之後最早的瞬間，當溫度還高到四種自然力仍合而為一的階段。或許新理論能說明發生大霹靂的原因，也能解釋愛因斯坦「宇宙常數」的來源——這是我們以前聽過的神祕反重力最可能的出處。因為這股力量（加上重力）引導著宇宙的演化，真正的統一理論將能協助我們預測宇宙的最終命運。

因此，我們可以說一個偉大的新理論能成就這些事情，它既能滿足粒子物理學家，也能滿足宇宙學家。報紙頭版將宣告我們有了萬有理論，它的發現者將被稱為牛頓第二或愛因斯坦第二。這會是科學的終點嗎？或者至少是物理學的終點？要回答這個問題，我們必須仔細看科學到底能夠提供哪一種解釋。

化約論與整體論

科學無法告訴我們，為什麼音樂會讓我們快樂，也說不出為什麼一首老歌會令我們感動落淚。

薛丁格

幾個世紀以來，大部分的科學都和一種所謂**化約論**的哲學思想連在一起，這種想法是說，如果你了解整體的每一個部分，你就能了解整體。舉例來說，生物學家藉由對基因的研究，就能學到很多有關生物的事情；而每個單獨的基因又是由DNA構成的，為了研究DNA，我們就去請教生物化學家，他們研究的是分子的結構；而分子是由碳、氫、氧和其他元素組成的，因此我們去問化學家——這樣一路推下去，最後就會找到粒子物理學家。現在，假設粒子物理學家已經發現了萬有理論，這個理論能夠說明化學家和生物學家在實驗室裡看到的現象嗎？死硬派的化約論者會說應該可以，畢竟萬有理論能說明那最終的部分，而整體是由部分構成的。

在過去四百年來，由化約論引導的科學其實是相當成功的，它的紀錄很完美：它解釋了為什麼金與銅的導電及導熱性質，勝過木材與橡膠；它從分子結構的觀點，說明了液體與氣體的特性；它解釋了水如何結冰、如何沸騰、為什麼鐵會生鏽、蠟燭會燃燒、膠很黏……以及許許多多其他的現象。

但有很多系統，甚至在物理系統裡，化約論的做法是失敗的——在這些系統裡，整體大過部分的總和。最常見的例子是氣象預報。理論上，我們已經清楚風、雨和雪是如何發生的，但是如果我們想要預測一個熱帶暴風雨的發展，我們就麻煩了。因為這個系統實在太複雜，以至於我們無法做出比較精準的預測。（當然，近年來氣象預報**已經**有大幅的進步，這主要應歸功於氣象觀測衛星這類的發明——然而對構成龍捲風的原子做更深入的了解，對我們並沒有任何幫助。）在生命科學上例子更多：動物的行為、生態系統的演化、疾病的傳染——這些事情的研究除了必須知道它的組成部分之外，還要了解它整個系統。

對於與人性有關的事務，萬有理論更是無能為力，對於愛、恨、幽默、音樂或戰爭，它都無法解釋。首先，這純粹是因為物理本來就和這些東西的關係不大，可說的不多，而萬有理論更是把我們所找尋的答案簡化到「描述層級」。貝多芬的交響曲**可以**分解成不同頻率的振動與強度，《哈姆雷特》也可以分解成白紙上的黑色符號，但是由這些描述中，我們得不到實際的內涵。

科學的大部分系統介於上述兩者之間。對某些系統來說，關於次原子層次的描述是很重要的——例如與化學相關的系統，但對其他系統來說就無關緊要了。身兼物理學家與作家的戴維斯就說，萬有理論「將不會說明生命的起源，無法解釋意識的本質，也無法掌握我下次選舉的投票行為。」就連在物理學也存在兩個不同的世界，一個是**發現定律**，另一個則是**應用定律**。發現定律是指探索掌握整個物理系統的法則，而應用定律則是用這些法則來做特定預測。有個常用來比擬的例子和這種狀況很像，那就是下棋：學會下棋的規則只需要幾小時，但想成為一位棋藝大師，可能得花上一輩子功夫。

萬有理論在日常生活裡是否會有什麼實際用途，則更難預測。大家應該都還記得，我們對原子的掌握，引發了半導體的革命與核能的利用，這是在幾十年前根本無法想像到的突破。物理學家斯塔克曼說：「基礎性的新理論，很少沒有被實際應用的。如果弦論或M理論經證實是正確的萬有理論的話，毫無疑問的只要假以時日它們就會有實際應用，或許能讓我們做出更好的捕鼠器，或者是更好的電視遊樂器。」但更重要的是這樣一個理論，一定會產生很深遠的影響，長期而言甚至可能影響人類的心靈。最後，它也會讓我們對自己在宇宙中的定位，有全新的看法，就像以前哥白尼及達爾文的發現所產生的影響一樣。他們的觀念使我們更謙卑、更聰明，但也都曾面臨過阻力。萬有理論也許會碰到同樣的阻力，但是當它最後發展成功之後，它將使我們對自己在自然世界所處的位置，有更深的理解——這種深刻的理解是我們現在無法想像的。

萬有理論當然會是**統合的**：它會把粒子物理以及宇宙論中許多不同的現象，統一在一個科學的「大傘之下」。而最後理論也會解答泰勒斯、德謨克利特及恩培多克勒在大約兩千五百年前所提出來的問題：「物質是由什麼構成的？」德謨克利特猜想的答案是「原子」，後來科學家發現原子是由質子、中子和電子構成的；再後來，質子與中子又進一步發現是由夸克所構成。如果最新的理論是正確的，那麼構成宇宙的基本磚塊，就是令人費解的一圈圈小弦，或者是M理論所說的，某種薄膜或高維度的膜。

這些連續不斷的理論，從古希臘的德謨克利特和前蘇格拉底時期哲人，到現在費米實驗室與歐洲核子研究中心的研究，都讓我們愈來愈深入物質的核心。從某個意義上來說，它們讓我們離家愈來愈近，畢竟他們描述了我們與這個宇宙是由什麼構成的；但是與此同時，他們所描寫的世界卻也離我們的日常生活經驗愈來愈遠，就像一個只用數學描述的外星世界。

對希臘人來說，一切事物都是由地、水、火、風這四大元素構成的；但對我們而言，萬物可能是由比原子小百億億倍的弦所構成的。希臘人的觀點來自沉思與哲學；現代的觀點則是由現有的科學來支持，雖然目前科學所能觸碰的弦的奧祕有限。但這兩種觀點都可以被視為是「真理」嗎？希臘觀點所採用的，都是我們知道的東西，那些我們看得見、摸得到且能感覺得到的東西。至於原子，感謝一些像掃描穿隧電子顯微鏡之類的裝置，雖然是間接的，我們也可以「看見」它了。（這種裝置是把待觀測的物體擺在只有幾個原子寬的鎢電極之前，然後記錄通過其間的微弱電流。）至於弦和膜，不可能有任何型式的傳統顯微鏡可以用來研究它們。最多，我們只能用一些更小的弦來轟擊較大的弦，研究它們反彈的情況，但即使是這樣，所需要的科技也不是我們今天能夠想像的。不管有多少間接證據顯示弦的存在，我們永遠也不會像看到火和水那樣「看到」弦。

對有些人來說，這種無法接近讓人覺得不舒服，有人甚至有很深的疏離感。歷史學家巴森最近就描述這種「科學的憂慮」，說現代物理學：

> 剝奪人類對宇宙事物的想像。天體的次序以及地球上的自然作為都不再有任何想像空間——人們再也寫不出像盧克萊修和彌爾頓那樣的史詩，或與月亮有關的抒情作品……。科學創造出來的新名詞，如**電子**、**質子**以及後來的**夸克**，使我們大部分的人覺得自己像白癡一樣。把它們稱為「建構宇宙的磚塊」，卻讓我們連半點磚塊的聯想都沒有。就連「粒子」的名稱也是誤稱，因為這讓我們立刻想到感光底片上的一粒小東西，永遠不會讓人感動流淚。

「科學家今天證實，他們所知關於宇宙結構的一切都是錯的，錯！錯！錯！」

我同情巴森，也不把他對推廣科普的人的批評，當做一種人身攻擊（在這本書裡我確實像個白癡似的，把次原子說成宇宙的建構磚碗，也為此感到罪惡）。但是當他說「感謝物理學，大自然不再使詩人感到畏懼」時，也實在扯得太遠了。（或許巴森應該看看里安的《銀河》、沙利文的《原子建築學》或海恩斯的《小宇宙灰塵詩》。）儘管如此，他描述的那種對太空的疏離感，無疑也是現在很多人共同的感覺，他們覺得現代科學所描述的，並不是**他們**的世界。

對那些已經盡力理解愛因斯坦的彎曲時空，或海森堡的含有不確定性次原子世界的人，一個由10^{-33}公分微弦所構成的世界是可笑的；而對有些人來說，夸克就**已經**很可笑了。很多哲學家甚至少數科學家都懷疑，說那些東西「存在」是否有意義。當科學帶領我們離開感官世界愈來愈遠，我們不禁要問：「什麼是真實？」

模型與現實

試著決定你是否相信下面這些陳述：

- 現在你手裡拿著一本書。
- 發生過第二次世界大戰。
- 南極洲存在。
- 恐龍曾經活在地球上。
- 核子反應使恆星閃爍。

• 大恆星的崩潰會形成黑洞。
• 物質是由原子構成的，原子又由夸克和電子構成。
• 夸克與電子是由微小的弦或膜形成的。

這個練習的重點是，以上所陳述的事情，是從確定一直到不確定的連續變化。（對我來說，只有最後一項令我有比較強烈的懷疑。）它們從上到下，確定性愈來愈低，愈來愈依賴間接證據。如果你出生於一九四五年之後，又從未去過南極洲，第二項與第三項陳述對你而言，也是依賴某些間接證據，不過我相信大家可以同意它們是可以確定的。現代粒子物理的進展，就像表中的最後兩項，似乎特別令人不確定而且懷疑。哲學家和不同程度的懷疑論者花了畢生的精力去思考證據的本質和確定的程度，如果找得到任何結論，應該可以把這樣的概念附在上面各條陳述之後。

他們的努力並不是什麼新鮮事，在西元前四世紀，希臘哲人柏拉圖就曾經用一則寓言，來描述他對真實的看法。他說，想像有一群綁在一起的犯人被關在很深的洞窟中，他們只能看著洞窟後面的牆壁。洞口生著營火，在火與犯人之間有許多物體，犯人們沒有辦法直接看到這些物體，只能看到它們投射在牆上的影子。在他們仔細研究過這些影子之後，也許可以學會有根據地猜測這些物體的本質，但他們永遠不會知道這些物體的真實樣貌。

也許科學家就像柏拉圖故事裡的洞窟人，猜測著他們永遠不會知道的真實情況。幾個世紀以來，哲學家把這個想法換上無數不同的版本。十八世紀，愛爾蘭哲學家兼教士的巴克禮對此思考得很深入，他認為如果沒有心智的察覺，物體是不存在的。對巴克禮而言，根本沒有「真實世界」，有的只是感官印象，使我們推論出這樣的真實。著名的英國辭典編纂及評論家約翰生用踢大石頭來反駁巴克禮的哲學。大家或許還記得，拉塞福指出原子幾乎絕大部分是空的，只有原子核上有質量——照這個說法我們可以說石頭的大部分都是空的。因此約翰生說：「我引用天文學家愛丁頓的話來反駁巴克禮的說法，『拉塞福告訴我們，大石頭幾乎不存在，不值得去踢它。』」

你不一定要反科學才懷疑原子是否存在。巴克禮、愛丁頓都不是科學的敵人，更不用說波耳了——他是量子理論的締造者之一，當然也不會是科學的敵人。當他說「量子世界並未實際存在」，他的意思是，我們只有一組數學方程式來描述量子世界。「如果你相信物理的目的在於了解大自然如何構成，那你就錯了。物理之所以有趣只是在於，關於大自然我們可以**說**些什麼。」

科幻小說的作者常常把故事的主角縮小到一個胚胎，一個分子，甚至一個原子的大小。乍看之下，這好像可以幫助我們解決問題，滿懷希望的調查員說：「把我縮小到原子那麼大，這樣我就可以看清楚原子到底是怎麼回事了。」可惜這種任務不可能成功。要看見一個物體，光線必須從它反射，再進到我們的眼睛。而要看清楚一個東西的細節，光波的波長必須小於這件被觀察的東西。但是我們眼睛所能接受的光波波長有個最低限度，而一個原子的大小只有這個波長的五千分之一。因此即使我們縮小成一個原子的大小，我們還是「看不見」任何物體。

雖然科學家已經知道很多關於原子世界的事，但卻還是無法明確地描述它們，物理學家兼科學作家葛瑞賓說得好：

重點是，我們不但不知道原子是什麼，而且永遠不可能知道原子是什麼，我們只能知道原子像什麼。當我們用某種方法去探測它，會發現……它「像」一顆撞球；用另一種方法去探測，發現它「像」是太陽系；再問第三組問題，我們得到的答案是，它「像」一個帶著正電的原子核被一團電子雲圍繞著。這些都是我們把日常生活裡的圖像拿來想像原子的情況。我們建構一個模型或想像，然後經常忘了自己做過的事，把想像與現實混淆。

這段話很像剛才柏拉圖寓言的回響，但這並沒有什麼錯。葛瑞賓不是說原子不存在，他只是說要求一個決定性的說明來描述它的特性，是沒有意義的；我們所擁有的只是對我們模型的描述。但還是有些人像巴克禮那樣，相信我們有的**只是**模型，沒有其他的。

現在，我們進入了哲學領域，而這是一般物理學家不太輕易涉入的區域。事實上，如果快速瀏覽一些有關科學哲學的資料，就會知道對於上面的描述，連哲學家也很難決定應該採取什麼立場。如果你同意約翰生的看法（簡單地說就是：「有個真實的世界，而我們最成功的模型讓我們瞥見了真實」），那麼你就是認同**現實主義**，和克卜勒、伽利略及愛因斯坦同一陣線。如果你認同巴克禮的見解（「只有靠感官印象，我們建立了模型」），那麼你可能要花上幾天的工夫，從下面的清單選出一個標籤給自己用：**實證主義者**、**經驗論主義者**、**現象主義者**、**工具主義者**、**操作學者**、**創造學者**、**主觀論者**，或甚至是**建構學者**。最後這派認為物理只是一場混亂，如果你站在這一邊，也有很多同伴，像是波耳與霍金，另外還有哲學家休謨、康德與彌爾。

當然，很多（也許是大部分）物理學家對這個議題採取一種含糊的立場。弦論學家威滕對這件事有個簡單的反應，我認為很多物理學家也會有同樣的心聲：「我不會表明自己的哲學立場，我不想表態當什麼『主義者』。」但也有少數的物理學家，為自己特殊的哲學立場感到自豪，霍金就是一個例子。對於十一維的弦論世界，霍金說：「……身為一個實證主義者，像『額外維度是否真存在？』這種問題是沒有意義的。我們該問的是，這種有額外維度的數學模型是否比較能夠描述宇宙。」後來他又說：「從實證主義的哲學觀察來看……沒有人能決定什麼是真實的，我們能做的只是找出一個數學模式來描述我們居住的宇宙。」

這裡我們稍為打岔一下，談談反現實主義者，這是上述標籤中最古怪的一種人，又叫「社會建構主義者」。這批人相信，科學只是科學家從文化抽出來的一組信仰而已，是科學家想像出來的。換句話說，我們並沒有**發現**夸克或類星體，而是我們**發明**了它們。當然，科學家的成長環境和我們大部分人一樣，充滿了文化影響，但這並不表示科學發現本身是一種社會建構。哲學家布朗對此表示：「觀點關乎研究方向，而與事實本身無關。」正如布朗所指出的，這些社會建構主義者受一種平等意識所引導，認為「所有理論平等」，但結果往往會傾向支持某些理論（例如原住民團體的觀點），而排斥其他的理論（例如基督教基本教義派就支持《聖經》創世記的字面說法）。布朗說：「他們最令人側目的是雙重標準。」事實上，現今社會建構主義者可能很想和那些不承認愛因斯坦相對論的人有所區隔，後者認為愛因斯坦的理論是憑空建構的，其中敵意最深的人甚至用「猶太科學」的字眼來加以否定。正如戴維斯所說：

> 最近在一些大學的藝術系裡有一種風潮，就是把科學當成一組神話，好像它只是某種文化現

象，與一些前人的智慧、民俗以及其他的思想體系，具有同等地位。換句話說，科學只是我們文化的一部分，它並不是真正表示「確有其事」。我認為這種說法完全是胡說八道。對我而言，宇宙是有秩序地處在一個理性的數學道路上，這件事清清楚楚。藉著科學的研究，我們揭開這個秩序，我們是從自然裡讀出這個秩序，而不是把這個秩序放進自然裡。

當某個特殊理論的證據極為明顯時，就像「你手裡拿著一本書」，你並不需要借助於任何模型。但要決定恆星是否由核子反應來驅動，證據則間接得多，因此模型變得不可或缺。如果模型成功描述恆星的物理現象，我們就推論說恆星真的是由核子反應來驅動的。

至於原子和夸克又如何？我認為絕大部分的物理學家，會說它們是大自然的一種實體，儘管依照我們手邊最好的模型，我們對它們的描述依然不夠完整。而那些由弦論或M理論所假定的微小弦及薄膜，它們的不確定性更強，但至少指出了某種存在於自然界中的結構（當然這裡用「結構」來稱呼，並不是很嚴謹的用詞）。現代物理的邊緣有時候是純數學，有時候則會碰觸到哲學，但如同愛因斯坦所問的：「如果有人不相信天上真的有星星，幹嘛要凝視夜空？」

與神有何關係？

科學發現神。

《新聞周刊》封面故事，一九九八年七月二十日物理不是宗教。如果是的話，我們更容易募到經費。

列德曼

到目前為止，我們談了很多物理與哲理，但很少談到宗教，可是物理未開拓的新領域，尤其在尋找萬有理論的過程，必然會侵入神學的領域。宇宙如何開始的？恆星、行星與銀河是哪裡來的？有存在智慧生物的其他世界嗎？曾經只有神學家與哲學家問這些問題，但是現在，天文學家、物理學家及宇宙學家在沒有神的指引下，成天研究這些事。從一些針對這個主題所寫的書籍與雜誌看來，這些「神的問題」依舊棘手，常常很情緒化，而且一直很受注意，很能刺激大眾。我不能說自己有什麼新的見解，只能把幾個世紀以來科學家和學者對它的意見做個整理，這或許會有些幫助。

我們就由科學的誕生說起，從希臘時代到科學革命。古希臘人的信仰很廣泛，有些是唯物論者，像前蘇格拉底時期哲人就拒絕任何超自然的事物；其他哲人如柏拉圖與亞里斯多德，就相信有更高階的力量存在，由祂負責創造一個有秩序的、可以理解的宇宙。至於在文藝復興時期的那些偉大科學家，如哥白尼、克卜勒、伽利略與牛頓，情況就更明確了，他們毫無疑問都是有深厚信仰的人。如果用比較簡單的話說，他們在宇宙的科學圖像裡，都發現「上帝的角色」。例如哥白尼說，重力是「創造者的神恩」；克卜勒認為，在天文學裡深深體會了神的手藝：「我們的信仰愈深，愈能了解創造者與祂的偉大。」從他們的信仰裡，我們彷彿聽到《聖經》的回音，特別是〈詩篇〉第十九章裡的敘述：「蒼天陳述上帝的榮耀，穹蒼傳揚祂的作為。」

科學革命並未消除上帝。藉由宇宙是「可知的」，我們在宇宙裡為人類找到新的定位——在這裡神的創造不但是可見的，也是可以了解的。英國的科學家索麥維在十九世紀初，將牛頓學說的世界寫成通俗的報導，她相信是神「讓人具有這種能力，可以欣賞神的奇妙的工作，並且能精準地追尋出祂的運作規則。以我們居住的地球為基地，測量出太陽與行星的距離……而人類可能採取的第一步行動，就是探索星空。」

但到了十九世紀後半段，情況有了重大的轉變，尤其是達爾文（一八〇九～一八八二年）的研究工作。他提出物競天擇的演化理論，認為複雜而多樣的生物是由簡單的生物演化而來的，不必有神的介入。在此同時，地質學家也發現，現在的大陸與海洋也是經過數百萬年的變遷才造成的，人類在地球上顯然是新的成員。而天文學家則發現了一個浩瀚的宇宙：一九二〇年代，我們已經知道太陽系只是在銀河旋臂無數星星之中的一顆恆星，而我們的銀河只是無量無邊的銀河星團當中的一個。宇宙、地球、生物，似乎都是根據與人無關的自然機制，演化而來的。

當然，科學仍有許多謎團未解：宇宙的起源、生命的起源、意識的來源，也許對於這些問題，科學永遠無法提供令所有人滿意的答案。對於人類知識無法解答的這種空隙，有些人求助於神來填補，哲學家稱這種「如果科學無法解釋，我們只好依賴神」的論述，為「填補空隙的神」。對於那些渴望傳統宗教經驗的人來說，這種說法無法滿足他們，因為它限縮了神的角色，而且把神學定位為「改變的狀態」，每當科學有進展，一個人的信仰就被迫跟著改變。

雖然愛因斯坦在著作裡經常提到「神」，但他指的並不是「填補空隙的神」，更不是那種會介入人類事物的神。那些想把愛因斯坦說成一個教徒的人，經常引用他的一句名言：「科學無宗教是跛子，宗教無科學是瞎子。」但是仔細觀察他的信念，在傳統的觀念裡他離宗教虔誠還遠得很。愛因斯坦曾經說過：「我所理解的神，來自一種深深感受到的信念，那就是某種超越的智慧在這個可認知的世界裡，展現它的存在。神在一切處所顯露祂自己……。」他說，如果有人想替這種感覺貼標籤，應該可以稱之為**泛神論**，簡單地說，就是把大自然當做神。（這是十七世紀猶太哲學家斯賓諾莎的看法，愛因斯坦很欽佩他。）愛因斯坦**不相信**的是「人格」神，那種「關心人的命運和行為的神」。

即使邁入二十世紀，科學一旦有新發現，宗教信徒仍然可以從中找得到呼應他們宗教文本的共鳴。宇宙論的大霹靂模型就提醒了信徒聖經創造論，「要有光」就像大霹靂，兩者似乎都可以用來描述宇宙的起源。（只是為什麼上帝選擇在這一刻創造宇宙，然後又等了一百四十億年，從來沒有說清楚。）在此同時，量子理論的發展又提供了一塊新畫布，給那些想把科學畫成某種靈性追求的人去發揮。很多通俗作家想把量子理論與東方的神祕主義連接在一起，但是卻沒有任何一位量子理論的先驅認為兩者之間有這種關係，而即使到了今天也沒有什麼物理學家會這樣想。粒子物理學家列德曼說，有些書像《物理學之道》和《物理之舞》，「是有些好的物理陳述，但作者從經過證實的觀念，跳到物理學之外的觀念去，其間的邏輯過程大有問題，或根本不存在。」

到了二十世紀後半段，無神論科學家開始說話了，其中費曼提出他對宇宙創造的看法：「如果說上帝只是為了觀察人類的善惡交戰，就造了一個這麼大的舞台，花了這麼久的時間，未免也太不成熟了。」（當他在一九五九年的一次電視訪問中說出這些話時，加州有個電視台為此拒絕播出這段節目。）近年來，物理學家裡比較有名的無神論者是溫伯格，他在一九七七年寫了一本《最初三分鐘》，其中有段話最常被引述：「當我們愈了解宇宙，就愈看得出它是沒有意義的。」十五年後，他又在《最終理論之夢》中說：「在最後理論中，對於我們內心最深處的問題——有沒有神存在的跡象，是不可能不去懷疑的。我認為沒有。」為了有所依據，後來他在《紐約書評》裡為物理的最終定律寫了一段話：「這個定律將是非人本的，不會和人類有什麼關係。」

當然，現代科學家並不都是無神論者。一九九九年，美國科學發展學會在華盛頓召開一場科學與宗教的研討會，共有數百位研究人員參加，至少對這些人來說，科學與宗教是可以共存的。這些人包括：普里馬克，他是對猶太教神祕傳統非常有興趣的宇宙學家；波爾金霍恩，他是英國教會的牧師，也是粒子物理學家；金格瑞契是天文學家，他相信「宇宙是全能造物者有計畫、刻意創造出來的」；薩拉姆有伊斯蘭教的信仰背景，與溫伯格及格拉肖同獲一九七九年的諾貝爾獎，他說伊斯蘭教義鼓勵研究大自然，與科學毫無衝突。甚至連更傳統的「人格」神的想法，也還是活生生的。最近的一項調查顯示，美國大約有百分之四十的科學家，相信神會回應我們的禱告，對於信仰堅貞的人，神也會在死後的世界予以報償。然而，在頂尖的那群科學家中，這個比例似乎稍微降低了些。同樣根據最近的調查，在美國國家科學院的院士當中，相信人格神的只有百分之七。

不過對很多人來說，一位關心人類事務的人格神，與科學告訴我們的宇宙，是有所衝突的。因此有些人傾向於相信比較抽象的神，例如戴維斯。他說：「我用神來稱呼偉大的創造者，我認為神是宇宙秩序的創造者與監護人。」換句話說，戴維斯的神是另一種「填補空隙的神」，是「使原子轉動與別的自然力相抗衡的神。」他說這種神只是比沒有神稍好一些而已，但是戴維斯認為，想像有神會美妙得多。神可以：

無止境地保證有一組完美的法則，沒有任何不順，任何外力的干預或介入，也沒有任何需要這裡弄弄、那裡動動的預先設計，而能帶入如此美妙的事物，諸如人類的出現以及能反映出人類能力的宇宙……這比那種通俗故事裡像魔術師一樣創造宇宙的神，要美妙得太多了。後面這種神我希望我們可以永遠拋棄，不再需要。

事實上，很多神學家也是以同樣的方式來看待神。如同科學從牛頓之後就開始進化，神學也從奧古斯丁開始進化。波士頓大學的神學教授安德生說：「有些基督教神學家對神的想法非常抽象，如果有很明確的、非人性化的神的定義，他們會覺得自在得多。」她認為很多人接受這種更抽象概念的神，是因為他們「與科學對話，並從科學那兒學來的。」

但是對於像溫伯格那樣的無神論者，這種觀念也站不住腳。不管人格化的或抽象的，可知的或神祕的，任何神都是多餘的。溫伯格說：「科學最偉大的成就之一是，就算沒有使有智慧的人不可能相信宗教，至少也使他們可能不相信宗教，我們不應該從這個成就上退縮。」

把相信神當成信念是一回事，但是想借助科學來支持這種信仰，則是截然不同的另一回事。我們現在已經很少聽到這種事了（儘管稍早《新聞周刊》曾有標題談到此事），但在哥白尼及克卜勒時代，常有科學家聲稱看到神，或在大自然之中看到有神的明確證據。事實上，即使到現在仍然有物理學家在發表關於大自然的看法時，用隱喻的方式把神放進去。例如霍金就說過一段很有名的話，他說學習物理的最終定律，可以讓我們「知道上帝的心意。」（雖然他後來解釋自己並不相信上帝，除非有人把上帝定義為物理定律的化身。）一九九二年也發生過一場「看到神」的騷動，當時宇宙學家史穆特與他的同事，發現了宇宙微波背景輻射的微小變動。在一場對採訪記者的臨時報告中，史穆特提到太空深處的微波影像，類似一個巨大的藍色與粉紅色的漢堡，他說這項發現「就像見到了上帝。」（事後他發表一份更正聲明，說他應該把宗教的指涉留給神學家。）也許在寫書及對媒體人說話時，這種隨口脫出的語言是很自然的，但是當科學家在談論自己的研究工作時，他們通常會把任何有關人格神的想法留在門外。科學撇除朗朗上口的隱喻不談，已經變成一種非宗教性的追求。

當然，還是有些人想扭曲科學來滿足他們的神學。就在這本書即將出版的時候，「智慧設計」的擁護者還是企圖把他們的理論，放進俄亥俄州的學校課程裡，他們認為自己的理論是達爾文演化論之外的另一種選擇。他們說有些微生物的結構實在太複雜了，不是達爾文物競天擇的演化過程所能產生的。（他們最喜歡舉的例子是細菌的鞭毛——這是一種類似螺旋槳的組織構造，有些細菌用以運動。）他們聲稱這一定是某種「智慧生命」所設計的。由於他們希望把自己的理論納入公立學校的教材，因此很小心地避免提到上帝，但是偶爾還是會露出馬腳。丹斯基是「智慧設計」思想的主要提倡者，曾經寫出「基督是任何科學理論不可或缺的」以及「所有學門都必須在基督裡成就，背離基督就無法被理解。」生物學家米勒就曾在他最近的書《發現達爾文的神》裡，對智慧設計做過完整的科學批判，他本人則是虔誠的天主教徒。

難以置信的宇宙

在此同時，宇宙學的領域裡也有人看到所謂的證據，認為宇宙是經過「設計」的，尤其這個巨大而令人難以置信的宇宙，最後竟然是適合智慧生物生存的。這種看法的主要爭議點，在於物理上那些宇宙常數值。舉例來說，若重力的強度稍弱一些，或者電子的電荷稍微不同，那麼銀河、恆星與行星都無法形成，更不用說那些生命發展不可或缺的複雜化學物質，這麼一來，所形成的將會是個死寂的宇宙。（這個論點，有時被稱為「人擇原理」，但是不同的人在使用這個名詞的時候，往往有不同的含意。因此，我個人比較喜歡使用「微調問題」。）我們只是幸運嗎？或許如此，但有些物理學家卻不認為此事純屬巧合。不過大家要記得，像「不可能」或「幸運」這種字眼，在像我們眼前的宇宙這樣單一的例子裡，並沒有什麼意義。畢竟，如果宇宙**不適合**生命的發展，我們也不會在這裡說三道四。（在我們前面提到的那個科學與宗教的研討會上，溫伯格受邀對「我們的宇宙是經過設計的嗎？」這個問題發表演說，他以「不是」為標題，做了九十分鐘的演講。）但並不是每個人都滿意「否則我們不會在這裡」這種反駁。哲學家斯溫伯恩用了一個比喻：有一個犯人面對著一列行刑隊，假設所有的射手都開了槍，卻沒一個打中。犯人會說，**除非**他們全部都打偏，否則我一定活不成——但他可能也在探尋這些人**為什麼**會打偏的答案。

有些人想用微調問題來證明上帝的存在，但這樣的觀點只能讓那些傳統信徒得到少得可憐的安慰，因為他們的上帝僅僅在大霹靂發生的時候，設定好那些參數的值，然後就坐到後排去看戲了。事實上，一個縱橫數十億光年，歷經百億年時光的宇宙，很難想像它會是以「人」為中心的。就像作家費瑞斯說的：「若硬是把宇宙當成是為了我們而設的，宇宙擴張得愈大，就愈顯人類的癡愚。」大約在七十年前，羅素也以他慣有的辛辣語氣，挖苦「有目的宇宙」的想法：「如果我是全能的創造者，又花了數百億年的時間來實驗，我不會認為造出人類是什麼值得誇耀的結果。」

對於微調問題還有另外一種解釋，是史丹佛的林德和劍橋的里斯所提出的，他們推測答案可能來自**多重宇宙**的想法，也就是說，創造我們宇宙的大霹靂可能發生過很多次，我們碰上的只是其中一次。（這種想法是從我們上一章介紹的暴脹模型延伸而來的。當然，這個說法還有很多疑點，但想來也不會比量子理論多重宇宙的論述，或平行薄膜和隱藏維度的想法奇怪多少。）如果真有多重宇宙存在，我們對這個宇宙的微調困境就會有個說法：我們的宇宙或許比較特別，但它只是許多宇宙當中的一個，其他大部分的宇宙都沒有經過微調，因此不適合微生物、老鼠與人類棲息。打個比方，如果賣出的宇宙彩券夠多，總有一張會中獎。當然，這個多重宇宙的想法，離發展為成熟的理論還早得很呢。里斯說：「我承認所有關於多重宇宙的討論都有許多疑點，但我認為它只是還有疑問的科學，而不是形而上的玄學。」

科學還沒有辦法澄清微調問題，因為我們還不知道為什麼這個物理常數是這個值。正如里斯說的：「這個論點的情況與範圍，長期來說與最深層的物理定律特性有關，這些特性我們目前還不清楚。」換句話說，我們需要一個萬有理論。正如我們所說的，成功的物理最終理論將能解釋這些物理參數，如重力與其他自然力的強度、粒子的質量等，為什麼在我們的宇宙裡是這個值。有了這個更完整的圖形，微調問題就不再如此神祕了。如果我們願意，還是可以使用「設計」這個字眼，只要我們小心使用：因為自然定律是如此設計的，所以宇宙適合智慧生物生存。

對最終理論的信心

一個神、一個定律、一個元素……萬物從此開始。

丁尼生

也許科學與宗教的相容程度不如某些人的期待，但科學與信仰之間或許有一些更微妙的關聯。舉例來說，不管科學家的宗教信仰為何，他們必定都相信大自然是有內在秩序的，唯有如此科學研究才有可能。戴維斯說，不管我們打算為它貼上什麼標籤，這種信念本身就具備了宗教的性質。所有科學家都「相信有個東西支撐著所有的事情。如果你接受這個〔本質〕，給它一個名字，叫它什麼都可以。假設我們叫它『神』，那麼這個神〔的觀念〕，應該很接近傳統〔一神論〕神學裡所謂的神。」愛因斯坦也曾發表過類似的看法：「無疑的，所有嚴謹的科學工作都有個堅定的信念，相信世界是理性而可以理解的，這個信念感覺很像宗教。」

這種驅動著科學的「宗教情感」——相信我們的宇宙是理性而有秩序的——是所有科學分支探索的中心。除非我們相信大自然真的依循某些規律在運作，否則探索這些自然規律是沒有意義的。而其中最主要的，就是找尋萬有理論的希望。這個希望的根源，甚至連它開始的動機，都是來自於相信大自然是有秩序且簡單的，而這也是始於宗教情感。物理學家兼作家的巴羅說，正是這種信念，引發我們探求最終理論：

> 我認為相信萬有理論存在的想法源自宗教。從表面判斷，我們沒有理由不能滿足於一個運作完美的宇宙理論，這個理論包含四種基本的自然力：這四種力完全不同，也都各自有其獨立的理論來加以描述。但我們就是覺得這樣不夠好，沒有人滿足於這種情況。不知為什麼大家認為如果可以只有一個法則就更好了，就像只需要一位上帝，而不需要很多一樣。由此，也可以看出這種傾向如何根植於我們內心深處——想把事情儘量統合起來的傾向，認為說明愈簡單愈好的傾向。

曾經有人問粒子物理學家薩拉姆，他的伊斯蘭信仰對於他的研究工作有引導作用嗎？他回答說：「我不會認為是有意識地引導，但是在內心深處，由宗教思想延伸而來的整體觀念，也許會對一個人的思想有所影響。」（說得明白些就是：我不是說科學**是**一種宗教，但是尋找統一理論的動機，有一部分很可能是**來自**宗教。）

當然，我們**希望**宇宙能遵從單一、統合的定律，並不代表宇宙**真的**會遵從。巴羅說：「很清楚的，宇宙並不是按照人類希望的方式在運作。宇宙……整體而言可能是混亂的、完全非理性的，只是偶爾在某些零星的位置上，顯示出理性的區域，就像少數有序的綠洲，出現在無數的混沌裡……。所以有可能事情不但奇怪，而且怪得超乎我們的想像。」那麼，為什麼我們會起心動念想去探索簡單的定律？巴羅說，我們每天要從周遭環境，接收太多讓我們應接不暇的感官資訊，如果能找到一個簡單的定律，會讓我們比較好應付。我們「知道」的現象愈多，令我們不安的「未知」現象就愈少。「這或許一部分是適應演化的過程，一部分是對環境的充分了解，然後再加以整合成一個單一的說明。」

如果我們順著這個推論繼續下去，最後可能會把科學的探索和神經生物學的需求連結在一起——這種想法可以追溯到十八世紀德國的哲學家康德，他認為我們的大腦在感知的時候，在所取得的原始資料上強加了部分結構。因此，我們對大自然做出來的結論，其實不可避免地受到我們心智組織資訊的方式所影響。（現代神經科學正致力於這個問題，調查大腦處理及組織感官資訊的方式。）

對很多科學家來說，這種有關科學思想起源的推測，不論從人類學、歷史學或神經科學的觀點切入，都偏離了主題。他們尋找一個簡單、統合的圖像，是因為它是有效的策略。格拉肖說：「過去那些科學家尋求簡單、整合的假設相當成功，比沒有這麼做的科學家表現得更好。但是並沒有一個**理由**說事情一定會變得更簡單。它們或許會變得愈來愈混沌，愈來愈複雜。」也就是說，在深入探索自然定律經過某個點之後，定律就不再變得簡單，而開始變得複雜起來——但大部分物理學家都覺得這樣的想法很荒謬。然而，也沒有什麼「證明」可以證實不管我們探索多深，自然定律一定會繼續簡化。

愛因斯坦經常提起自然定律維持簡單的必要性，他說儘管數學術語是無法避免的，但是物理的理論還是應該簡單到連小孩子都能夠了解。一九五四年在普林斯頓舉辦的相對論研討會上，他又舊調重彈（也許這是最後一次，因為一年之後他就去世了）。有人問他，如果大自然的最後定律**並不簡單**呢？他回答說：「那麼我就對它們沒興趣。」

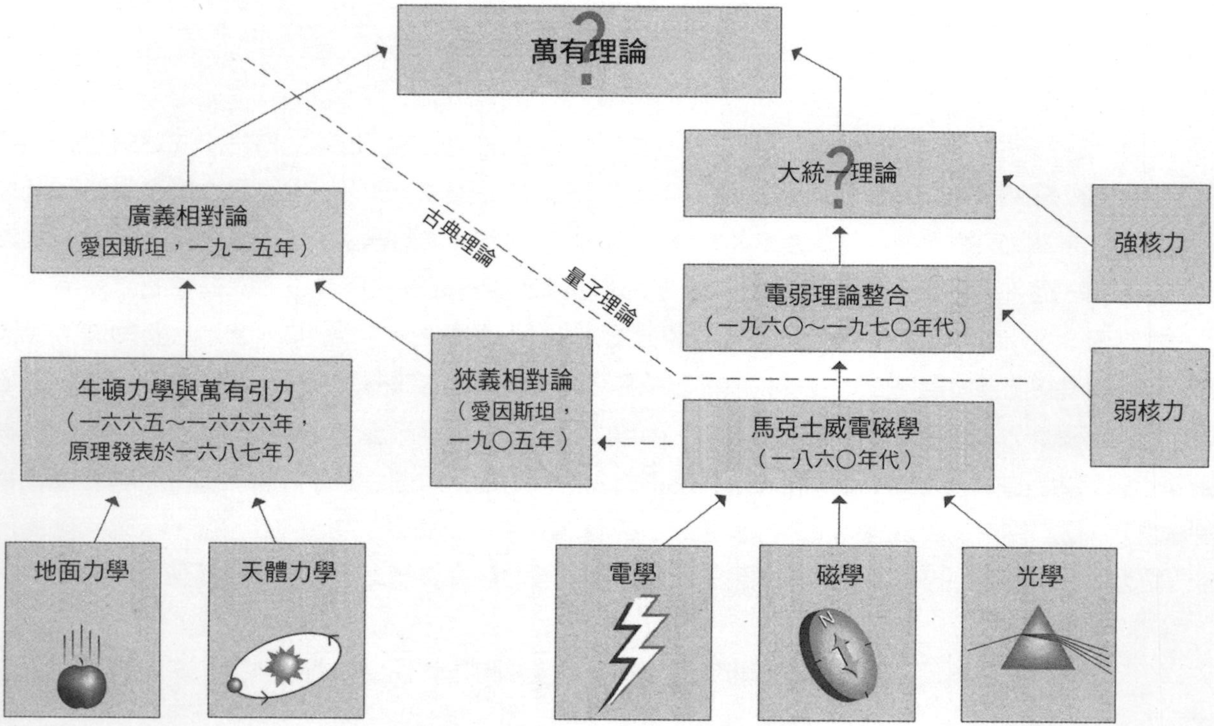
萬有理論
大統一理論
強核力
廣義相對論
（愛因斯坦，一九一五年）
古典理論
量子理論
電弱理論整合
（一九六〇～一九七〇年代）
牛頓力學與萬有引力
（一六六五～一六六六年，
原理發表於一六八七年）
狹義相對論
（愛因斯坦，
一九〇五年）
馬克士威電磁學
（一八六〇年代）
弱核力
地面力學
天體力學
電學
磁學
光學

萬有理論目前的狀態。

第九章　終曲

對於一切問題……有關生命、宇宙及所有事情的最終答案……是四十二。

亞當斯，《銀河便車指南》

對物理統一理論——萬有理論的探索，把我們帶到科學探索的最前緣，它迫使我們質問科學能把我們帶得多遠。這個問題，科學家與哲學家已經爭論了幾百年，但到目前尚無定論。過去幾年，針對這個主題出現過許多論文、書籍與推測，引起一陣騷動，這無疑是被將到來的千禧年所觸發的。這個里程碑般的重要日子，似乎驅動了我們想要深入探問的普遍渴望。

就像過去四百年來那樣，當科學成功地提供了許多理論後，有人可能認為科學是完全沒有限制的：我們愈去探索，就愈能發現新東西。但這種看法可能是不保險的。當然，我們**探索**宇宙的能力是有限的，因為沒有東西的速率可以快過光速，也因為在星際之間旅行要消耗巨大的資源（即使比我們更先進的文明也無法負擔）。因此，宇宙裡有些地方也許是我們永遠無法接近的，甚至連取得這些遙遠區域的**資訊**也受到這個宇宙速率的限制，因為沒有任何信號能傳遞得比光快。黑洞的內部也將是永遠的禁區，任何人一旦進去就出不來了，即使是回傳訊號也不可能。我們處理資訊的能力或許也是受限的，電腦的運算速度雖然愈來愈快，但它們在達到某個限度後可能還是無法突破，這也就又限制了資訊流通的速率。

最後，我們的生物結構也會限制我們理解的能力——畢竟約一．三六公斤重的大腦容量是有限的，它的演化幫助我們在非洲草原生存，而過去的十萬年來並沒有什麼改變。這樣的大腦現在能用來解微分方程已經夠不可思議了，我們憑什麼應該了解大自然最深奧的定律？其他生物當然也有**它們**的限制，就像許多作者指出的，要想教狗了解量子力學，似乎是不可能的。我們的心智當然也有類似的極限，我們最後會碰到這個極限嗎？目前沒有方法可以確定，但我與很多物理學家談過，他們大部分都認為目前並沒有臨界極限的跡象。弦論的理論學家威滕說：「經驗證據顯示，現在的研究生和過去的一樣聰明。人類的理解能力可能有個限度，但並沒有跡象顯示我們已經到達那個限度。」

接近聖杯

假設宇宙是由一組簡單、優雅的定律在控制，再假設人類夠聰明，能推演出這組定律，我們怎麼知道自己已經完成目標了呢？我們什麼時候停止尋覓，開始慶祝？這個困難是科學的本質所造成的：科學理論永遠不會真正「終結」。我們最多只能希望它比更早的理論包容更多內容，解釋更多現象。如同二十世紀奧地利哲學家波普爾的說法：

科學並不追求得出最後的答案，甚至也不追求得出很可能的答案，這是一種不切實際的目標。科學的進展在於一連串無止盡的可達成目標：就是一直發現新的、更深入的、更普遍性的問題，而把原先暫時性的答案，更改成更新、更禁得起試驗的答案。

當愛因斯坦說我們的理論是「假設性的，永遠不會終結，永遠是質問與懷疑的對象」時，他表達的也是同樣的觀點。問題是，一個新理論不管多麼成功，永遠有一些限制，永遠不能排除出現新的實驗結果，迫使理論非修改不可的可能性。就像列德曼解釋的：

> 很難證明一理論是正確。你走進實驗室，證明一個理論是錯的，這並不難。理論提出一個預測，你的實驗顯示這個預測是錯的，但其他的結果是「可能它是對的」……你永遠無法證明它是對的，你能做的只是檢驗它可能是對的。如果你得到夠多的「可能」，它就成為一部分你相信的系統。

因此，我們所說的「萬有理論」，它正確的意義是什麼？也許我們不應該這麼武斷地稱它為**最終**理論。比較好的定義可能會包含我們在前一章開頭列出的清單：從我們的目的來看，萬有理論是個能解釋粒子物理標準模型的物理學理論，如果還能進一步解釋愛因斯坦的宇宙常數，或者是大霹靂本身的特性，那就更好了。正如我們所見的，這可不能算是「萬有」，但可以確定的是已經包羅很廣了，而且許多當今傑出的理論物理學家認為這是個可能達成的目標。

當然，或許要有另一個類似牛頓那樣的天才，才能把所有條件兜在一起，而沒有人知道我們必須等多久。但如同溫伯格所寫的，也可能在任何時刻，我們或許會發現一篇論文「由某位先前不知名的研究生提出，把它都安排妥當了。」接著他又說，這或許不會發生在本世紀，「但我認為它遲早會發生，而且當它發生時，將會終結科學史上的某個特定章節——探索一切事物的基礎原則。」物理學家斯莫林預測：「在二〇一〇年左右，我們會有重力量子理論的基本架構，到二〇一五年，會有完整的理論。」到了本世紀末，他認為這個理論會「成為全世界高中生的教材。」

當我問列德曼，要根據什麼準則來判斷這個問題是否解決了，他給了一個簡單明白的答案：「解釋了標準模型、解釋了宇宙的起源與演化。如果完成了這些事，就結束了。」很簡單，對吧？就某個觀點來看**是**很簡單。列德曼接著又說：「粒子物理的缺點是，我們只處理了一個問題，那就是：宇宙是如何運作的？而根據定義，萬有理論當然要解釋宇宙如何運作。因此我們可以拍拍衣服說，好！這個題目完成了，下一個是什麼？」對於那些沒有終日泡在方程式、理論或粒子加速器裡的那些人，這種自信或許會讓他們覺得訝異，甚至是太自負。「是啊！」列德曼笑著承認說，「這點我無法爭辯，我想這應該是極端自負吧，不過我們已經自負很長一段時間了。如果你願意接受的話，我會說我們被**科學成功**這件事鼓舞了。它有它的死胡同，也有錯誤，還有它的無能之處——但最後，它將會自我修正，而且對於人的能力、人的潛力與人的想像力，都有強而有力的影響。」

威滕也有著像列德曼那樣的信心，但他強調我們離目標還遠得很。他把尋找大自然最終定律的工作，比喻成廚師剝洋蔥，有時候你會覺得自己很接近了，只要再發現下面更深那層就好了。「目前我們知道還沒有剝到洋蔥的中央，因為已經知道的那些部分還不夠一致，它們顯然衍生自更基本的東西。如果你真的達到某個階段，所有的部分都能兜攏在一起，而且不覺得需要再進行下去，我想屆時你就會停下來，等待下一代人接手，看他們是否能做得更好。」稍停片刻，威滕又接著說：「我不能確定這**是**個有明確答案的問題。當你探索得愈深，就愈懷疑這是個只會一次次得到比較好解答的問題。但我希望它有個明確的答案。如果有的話，我希望自己能活著看到它。」

在前面的八章裡，我可能給大家一個印象，那就是似乎所有物理學家都在一心一意地追尋萬有理論這個聖杯。但其實大部分都不是。美國物理學會約有四萬名會員，其中與統一理論直接相關的專長是基本粒子、場論及重力，而具有這些專長的物理學家不到十分之一。很多物理學家可能抱持與費曼相同的立場：「有人問我，『你是不是在尋找物理的最終理論？』不！我不是。我只想對世界有更多的了解，如果最後出現了一個能解釋一切的理論，就讓它來吧，這是個值得去發現的好東西。」可能有幾百位研究人員實際參與探索萬有理論的任務，但這可能不是他們每天工作的目標，通常他們會把目光擺在更小、更能處理的問題上。（在這些日子裡，每天光是檢查電子郵件信箱，就已經占去大半天的時間了。）但是統一理論的吸引力一直存在，是他們思想無聲的焦點。這就是聖杯的誘惑。

這項探索已經持續兩千五百年了，從古希臘人大膽的想法，到二十世紀弦論專家同樣大膽的觀念，我們看到了不同年代的科學家如何努力地尋找統一原則，找出大自然多樣面貌下的秩序與邏輯。二十五個世紀的探索、思考、實驗與再思考，這些努力如我們所見，帶來很多成就。正如列德曼所說的，夠多的成功養成了我們的某種自負，而或許這自負是合理的。就任何時代而言，找到物理的統一理論，都是一項偉大的智慧成就，也許是**唯一**偉大的成就。萬有理論的影響將遍及全宇宙，比過去任何描繪世界的圖像包含更多內涵。它將包含我們所能想像物質與能量最小的部分，同時也包含整個上下四方及古往今來的宇宙。它能統攝所有的粒子與自然力，夸克與類星體，膠子與銀河。它可以透過數學語言簡單呈現，簡單到可以寫在一件T恤上。

我不禁想起恩培多克勒，想像他坐在藍色地中海飽經風化的岩石上，思考著他的世界結構。他手支著頭，凝視著貧瘠的沙地，嗅著鹹鹹的空氣，感受著溫暖的火和廣大無邊的海洋。在提出他的元素理論時，他和我們現代任何一位科學家一樣，既大膽又自負。但是他至少還有一點謙卑，他曾說：「人身體的力量有限，遭逢的苦難很多，磨鈍了思想。而生命短促，轉眼間就像一縷輕煙般消逝。但人終究會明白，每個人的機遇各不相同，只能看到命運所示現的部分世界。那麼，誰敢誇口說他了解整個世界？」

延伸閱讀

寫作此書時，我參考了很多書面的資料。但我認為下列這些書籍、論文對一般讀者最有用。其中大部分的書都是買得到的出版品，有些比較老的書可以在圖書館裡找到，或在網路書店裡購得。

物理學與天文學的歷史

費瑞斯寫的《銀河系大定位》（*Coming of Age in the Milky Way*, Anchor Books, 1988）是敘述人類努力了解宇宙的故事，是任何對天文歷史有興趣的人必讀之作。如果想看科學家自己的說法，最近有兩套論文集：一套是由費瑞斯主編的《世界的寶庫：物理、天文與數學》（*The World Treasury of Physics, Astronomy, and Mathematics*, Little, Brown and Company, 1991），另一套則是由丹尼爾森主編的《宇宙之書》（*The Book of the Cosmos: Imagining the Universe from Heraclitus to Hawking*, Perseus Publishing, 2000）。此外還有一本舊書，是金斯寫的《物理科學的發展》（*The Growth of Physical Science*, Cambridge University Press, 1947; Premier Books, 1958），這本有趣且富有教育意義的書，記錄了五千年來的科學探索。

關於早期希臘的哲學家，巴恩斯最近寫了一本《早期希臘哲學》（*Early Greek Philosophy*, Penguin, 1987）。此外，還有兩本書談到科學革命開始的故事：一本是林德伯格的《西方科學的起源》（*The

Beginnings of Western Science, University of Chicago Press, 1992），另一本則是高德斯坦寫的《現代科學的黎明》（*The Dawn of Modern Science*, Houghton Mifflin Company, 1980），兩本書的形式與內容都差不多。

科學革命

柯恩的《新物理學的誕生》（*The Birth of a New Physics*, W.W. Norton and Company, 1985）是很好的介紹，而在另一本書《科學中的革命》裡，柯恩有更徹底的論述（*Revolution in Science*, The Belknap Press of Harvard University Press, 1985）。此外，雖然是五十年前的舊書了，《哥白尼的世界》依然很精采，作者是阿米塔吉（*The World of Copernicus*, Mentor Books, 1951）。

至於第谷的故事，有兩本書可選：一本是索倫著的《烏拉尼堡的主人：第谷傳》（*The Lord of Uraniborg: A Biography of Tycho Brahe*, Cambridge University Press, 1990），另一本是克里斯汀森著的《第谷島上：第谷和他的助手們》（*On Tycho's Island: Tycho Brahe and his Assistants, 1570-1601*, Cambridge University Press, 2000）。至於克卜勒，鮑姆加德的《克卜勒》（*Johannes Kepler: Life and Letters*, Philosophical Library, 1951）是很好的開始。

關於伽利略，也有兩本很好的介紹書籍：雷斯東著的《伽利略的生活》（*Galileo: A Life*, HarperCollins, 1994），以及較舊的一本，德雷克著的《伽利略》（*Galileo*, Oxford University Press, 1980）。若想閱讀科學家對自己發現的看法，則可參考德雷克的《伽利略的發現與見解》（*Discoveries and Opinions of Galileo*, Anchor Books, 1957）。關於牛頓，介紹最詳盡的是魏斯特福的《永不止息：牛頓傳》（*Never at Rest: A Biography of Isaac Newton*, Cambridge University Press, 1980），另外還有個較簡短的版本：《牛頓小傳》（*The Life of Isaac Newton*, Cambridge, 1994）。除此之外，懷特寫的《牛頓：科學第一人》（*Isaac Newton: The Last Sorcerer*, Perseus Books, 1997）也值得一看。

至於厄司特、法拉第及馬克士威的研究，可以參考普靈頓著的《十九世紀的物理學》（*Physics in the Nineteenth Century*, Rutgers University Press, 1997）；托爾斯泰著的《馬克士威傳》（*James Clerk Maxwell: A Biography*, Canongate, 1981）也簡明扼要值得一讀。

愛因斯坦與相對論

愛因斯坦的相關傳記很多，很難挑選。我最常參考的是弗爾辛的《愛因斯坦傳》（*Albert Einstein*, Penguin Books, 1998）。有關他科學工作的論述，處理得最詳盡的是佩斯的《奇哉上蒼：愛因斯坦的科學與生平》（*"Subtle is the Lord...": The Science and the Life of Albert Einstein*, Oxford University Press, 1982）。若是想看愛因斯坦本人對科學、政治與宗教的看法，他寫的《思想和見解》（*Ideas and Opinions*, Dell Publishing Co, 1954）是不可或缺的。至於狹義相對論的有趣歷史，可以看伯登尼斯的《$E=mc^2$》（$E=mc^2$: *A Biography of the World's Most Famous Equation*, Walker and Company, 2000）。

量子理論

葛瑞賓的《尋找薛丁格的貓》（*In Search of Schrödinger's Cat: Quantum Physics and Reality*, Bantam Books, 1984），把量子理論寫得淺顯易懂；另一本很棒的介紹是戴維斯與布朗合著的《沒有人懂量子力學？：原子中的幽靈》（*The Ghost in the Atom*, Cambridge University Press, 1986; Canto, 1993）。描述量子理論的發展還有一本更詳盡的書，是佩斯的《基本粒子物理學史》（*Inward Bound: Of Matter and Forces in the Physical World*, Oxford University Press, 1986），或是凱薩與曼恩的《第二次創造》（*The Second Creation: Makers of the Revolutions in Twentieth-Century Physics*, MacMillan Publishing Company, 1986）。而量子理論發現百周年時，有些有價值且值得一讀的期刊論文，包括鐵馬克和惠勒所寫的〈100 years of quantum mysteries〉，刊在二〇〇一年二月出版的《科學美國人》上。

現代物理、宇宙學及弦論

最近幾年有一些很棒的現代物理及宇宙學的書，其中最好的兩本以宇宙論為主題，分別是費瑞斯的《預知宇宙紀事》（*The Whole Shebang: A State-of-the-Universe(s) Report*, Simon & Schuster, 1998），以及里斯的《開始之前：我們的和其他的宇宙》（*Before the Beginning: Our Universe and Others*, Helix Books, 1997）。同樣值得一讀但比較偏物理的，是溫伯格的《終極理論之夢》（*Dreams of a Final Theory: The Scientist's Search for the Ultimate Laws of Nature*, Random House, 1992）。

關於弦論，最完整的是格林恩所寫的《優雅的宇宙》（*The Elegant Universe*, W.W. Norton and Company, 1999），但這本書難度較深。杜夫的〈The theory formerly known as strings〉登在一九九八

年二月的《科學美國人》上，對弦論與M理論有簡短的介紹。有關物理整合，除了弦論之外的探討可看斯莫林的《量子重力》（*Three Roads to Quantum Gravity*, Weidenfeld & Nicholson, 2000; Basic Books, 2001）。另外值得一讀的是麥克阿里斯特的論文〈Is beauty a sign of truth in scientific theories?〉，刊在一九九八年三、四月號的《美國科學家》期刊。

與現代物理有關的哲學與宗教

所有談論「科學與宗教」的書籍，都難免受到作者立場的影響而有所偏頗，我必須先承認這裡的書單也不例外。溫伯格的《終極理論之夢》簡潔有力地談了一些關於宗教的議題，而有些科學家的書也對宗教事務稍有涉及，如戴維斯的《上帝的心智》（*The Mind of God*, Simon & Schuster, 1992），以及雷莫的《懷疑論者與真正相信的人》（*Skeptics and True Believers*, Doubleday, 1998），都是很好的介紹書籍。至於哲學家的觀點，可以閱讀布朗的《誰支配科學？》（*Who Rules in Science? An Opinionated Guide to the Wars*, Harvard University Press, 2001）。關於量子理論與哲學，可參考葛里賓的《薛丁格的貓：奇幻的量子世界》（*Schrödinger's Kittens and the Search for Reality*, Little, Brown, and Company, 1995）。至於科學的限制，可以閱讀巴羅的《不論：科學的極限與極限的科學》（*Impossibility: The Limits of Science and the Science of Limits*, Oxford University Press, 1998）。另外有一本已經出版七十五年的舊書仍值得一讀，是愛丁頓的《自然界的本質》（*The Nature of the Physical World*, Cambridge University Press, 1928），愛丁頓也是敏銳的科學哲學家，他的書有一種現代感。

各界好評

一同走過兩千五百年來人類對極簡至美、萬有化約於一的追尋，是宇宙天地間很爽快的事。而我們還沒到達旅程的終點。

——侯維恕，台灣大學物理學系教授

宇宙擴張的速度似乎比我們理解它的能力還要快。我們才剛覺得自己的想法行得通，宇宙卻又變得更為複雜而難以想像了。佛克寫了一本易讀的宇宙指南，介紹形形色色的物理學家，他們掙扎奮鬥了兩千多年，就為了回答一個最簡單的問題：「世界是由什麼構成的？」

——麥克唐納，「怪怪與夸克」節目主持人、《用棍子量地球》作者

多麼引人注目的故事！歷史、科學、人情軼事……真是令人興奮！《T恤上的宇宙》是一部優美又有力的記述，介紹史上最偉大的科學探索：萬有理論的追尋。

——丹尼爾森，《宇宙之書》編輯

在這部特別的作品中，佛克以引人入勝的筆法，描述關於我們宇宙的基本理論的追尋。從古老的年代到最新的理論猜想，這本物理發展史非常有趣且內容充實。

——亞當斯，《存在的起源》《宇宙的五個年代》作者

佛克介紹物理學的方式有趣易懂，令人耳目一新。最值得注意的是他達成了別人所不能的目標：我第一次讀到這麼巧妙清楚的書寫，聯合眾人的力量，一同追求科學的一致性原理。

——《環球郵報》

這本書太出色了，它介紹了科學的邏輯和物理學的新領域。艱澀的概念在佛克筆下雖然難度不減，卻變得一清二楚，他幽默的筆法更能保持故事的流暢度。

——《蒙特婁公報》

佛克有很奇妙的本事，能找出恰當的類比，把很不容易說清楚的科學講得明明白白。

——《書訊》

融合了簡單的解釋和人物小傳，加上一點兒哲學和特立獨行的想法，《T恤上的宇宙》介紹了困難且重要的物理學概念，是本老少咸宜的作品。

——《美國科學家》

有史以來人類一直在追尋一套能夠描述所有物理現象的等式，最清楚易懂的綜述就在這本書裡。

——《麥克林》雜誌

這是一本內容廣泛的宇宙學概述，說得簡單明白，值得讚賞……從古代希臘哲學家，經過牛頓和愛因斯坦……到霍金和威滕，把啟發科學家的洞識、推動科學家的哲學及科學家個人的觀點，都清楚地表達出來。

——英國天空新聞台

致謝

我一向對天文學、物理學和宇宙學有興趣。不過直到一九九六年十二月，我在芝加哥參加了兩場科學研討會後，才燃起我對弦論的熱愛。其中一場，我記得是印度出生的天體物理學家錢德拉塞卡主持的，邀請到一些權威人士如霍金、威滕等人。另一場則是「相對論天體物理學德州研討會」，這個會議名稱雖然有著「德州」，倒不一定是在德州開會。從那時起，我對科學研討會就有點癮頭了，參加很多場在北美洲舉行的大會和討論，並且「定期」出席美國天文學會和美國物理學會。馬倫是美國天文學會的發言人，施維則是美國物理學會的。幾年下來我和他們頻頻接觸，問了他們幾百個問題，也得到了不少答案。

我第一次著手整理本書的主題，是一九九七年。當時我為哥倫比亞廣播公司的節目「觀念」，製作了一個專題叫《從恩培多克勒到愛因斯坦》的紀錄片。節目的製作人是韓德勒，他幫我釐清了很多想法。從那時候起，我就想寫一本書，但是直到我接到加拿大企鵝出版社麥塔格的電子郵件之後，整個計畫才具體呈現。在弗金斯的協助下，這本書朝著正確的方向前進。我欠了本書定稿的責任編輯坦娜，以及製作編輯格萊斯頓很大的人情，感謝他們不厭其煩地整理手稿和寶貴的協助。

數十位科學家與歷史學家為我解答了無數的問題，有些甚至還願意為我校訂部分手稿。其中我要特別感謝的，是物理學家希納福、皮特、斯塔克曼、舒瓦茲及達夫，以及花很多時間和我會談的威滕、列德曼、戴維斯，以及巴羅。這些談話幫助我完成「觀念」那部紀錄片的主要內容，也為本書的許多章節增色不少。與崔爾、瓊斯、布朗及丹尼爾森的討論，為我在人文方面提供了很大的幫助。兼擅科學史的天文學家金格瑞契耐心地與我討論，並回答我電子郵件上的疑惑。科普作家尚恩也替我讀了某些章節的內容，非常感謝他們。當然文章裡一定還會有些錯誤，我願意負完全的責任。

歡迎讀者提供意見，可以寄到下面的電子信箱：

universefeedback@hotmail.com

致讀者

雖然我已經儘量讓這本書不會太專業，但書裡還是難免會出現距離、時間和其他度量單位。在距離上我使用公制，但考量到對熟悉英制單位的讀者也不應棄而不顧，因此我在此簡單說明，一公里大約稍長於半英里，一公分大約稍短於半英寸，一毫米則是十分之一公分。

在天文學及宇宙學上，很多距離非常大，因此我們必須用「光年」為單位。一光年就是光走一年的距離，大約是九萬五千億公里，或大約六萬億英里。

偶爾，我們會碰到很大或很小的數字。對於很大的數字，我們可以寫一連串的零，或用很多「百千萬億兆」來表示，但是這種方法很累贅。至於很小的數字，像是「百千萬億分之幾」就更麻煩了。因此，科學家有個很優雅的方法來表示這類數字，就是使用**科學記號**。利用這套系統，任何數字都可以用「十的次方」來表示。對大的數字來說，十的次方數字，就代表多少個零。

舉例來說：

- 一百 = 100 = 10^2
- 一萬 = 10,000 = 10^4
- 十億 = 1,000,000,000 = 10^9

等等。至於很小的數字，十的次方則變成負數：

- 百分之一 $= 1/100 = 10^{-2}$
- 萬分之一 $= 1/10,000 = 10^{-4}$
- 十億分之一 $= 1/1,000,000,000 = 10^{-9}$

注釋

引言

十七頁　「我希望能活著看到……」Lederman, Leon with Dick Teresi, *The God Particle: If the Universe is the Answer, What is the Question?* New York: Bantam Doubleday Dell Publishing, 1994, 21.

十七頁　「我們對萬有理論的渴望……」Barrow, John D., *Theories of Everything: The Quest for Ultimate Explanation.* London: Vintage, 1992, 115.

第一章　光與影

二十三頁　「奧林匹亞眾神之父宙斯……」Easterling, P.E. and B.M.W. Knox, *The Cambridge History of Classical Literature.* Cambridge: Cambridge University Press, 1986, 127.

二十四頁　「……呂底亞人和米提人……」Herodotus, *The Histories*, trans. Selincourt. New York: Penguin, 1996, Book I, part 74, 30.

二十六頁　「從他們遊牧的祖先那裡……」Goldstein, Thomas, *The Dawn of Modern Science*. Boston: Houghton Mifflin Co., 1980, 47.

二十八頁　「他們認為這個世界是有秩序……」Barnes, Jonathan, *Early Greek Philosophy*. London:

Penguin, 1987, 16.

二十八頁　「這種哲學的第一位創始者」Aristotle, *Metaphysics*. 引述自 W.K.C. Guthrie, *History of Greek Philosophy*, Vol. I. Cambridge: Cambridge University Press, 1962, 40.

三十頁　「我變成永生的神，到處旅行，不再衰老或死亡……」引述自 Barnes, 192.

三十二頁　「……男人、女人、鳥類及獸類……」引述自 Lambridis, Helle, *Empedocles*. Tuscaloosa: The University of Alabama Press, 1976, 48.

三十二頁　「沒有什麼事是憑空發生的……」引述自 Barnes, 243.

三十三頁　「那些傳統的顏色……」引述自 de Santillana, Georgio, *The Origins of Scientific Thought*. New York: The New American Library, 1961, 145.

三十四頁　「原子有各種各樣不同的形狀……」引述自 de Santillana, 146.

三十五頁　「如果你去看看早期文化中，那些有關自然和世界的神話與傳說……」Barrow, John, Author interview for CBC Radio. 13 May 1997.

三十六頁　「……原創且獨一無二的發明，不是從其他文明複製來的……」Cromer, Alan, *Uncommon Sense: The Heretical Nature of Science*. New York: Oxford University Press, 1993, 99-100.

三十八頁　「……我們必須承認他們至少是原始的科學家……」Long, A.A. (ed.), *The Cambridge Companion to Early Greek Philosophy*. Cambridge: Cambridge University Press, 1999, 63.

三十九頁　「物質是由粒子組成的……」Schrödinger, Erwin, *Science and Humanism: Physics in our Time*. Oxford: Canto, 1996, 117.

三十九頁　「假如把現代科學的精巧結構拿來和古代做比較，古代科學家的嘗試有時看起來很滑稽……」Barnes, 18.

三十九頁　「……科學方法的基本組成要素……」Pullman, Bernard, *The Atom in the History of Human Thought*. Oxford: Oxford University Press, 1998.

第二章　新視野

四十一頁　「大地未曾移動，這是很清楚的……」Aristotle, *On the Heavens*. 收錄於 Barnes, Jonathan (ed.), *The Complete Works of Aristotle*. Vol. 1. Princeton: Princeton University Press, 1984, 487.

四十二頁　「……不需要像希臘人那樣去探索自然界的事物……」Goldstein, Thomas, *Dawn of Modern Science*. Boston: Houghton Mifflin Co., 1980, 57.

四十二頁　「……科學觀察並無容身之處。」Goldstein, 55-56.

四十四頁　「在詳細研讀《聖經》之後……」Lindberg, David C., *The Beginnings of Western Science*. Chicago: University of Chicago Press, 1992, 198.

四十七頁　「若無必要，勿增實體。」引述自 Cohen, I. Bernard, *The Birth of a New Physics*. New York: W.W. Norton and Co., 1985, 127.

四十八頁　「……要我閉嘴……」Copernicus, Nicolaus, *De Revolutionibus Orbium Caelestium*, trans. Dennis Richard Danielson. 收錄於 Danielson (ed.), *The Book of the Cosmos: Imagining the Universe from Heraclitus to Hawking*. Cambridge, MA: Perseus Publishing, 2000, 104.

四十八頁　「……六百萬到九百萬冊的書籍。」 Ferris, Timothy, *Coming of Age in the Milky Way*. New York: Anchor Books, 1988, 62.

四十九頁　「……會是個怪物，而不是人。」Copernicus, 引述自 Danielson, 106.

五十一頁　「這些恆星離我們一定遠得多。」哥白尼是對的。我們現在知道距離最近的恆星──半人馬座的 α 星，大約是四光年遠。這個距離比起離我們最遠的行星冥王星（現在降格為矮行星），還要遠上六千五百倍以上。由於星星的距離是那麼地遙遠，一直要到一八三八年，恆星的視差才被觀測出來。當時有三位天文學家成功地測量到鄰近恆星的微小偏移，這是由於地繞日運動所造成的。其中第一個將結果發表的是德國的貝塞爾。

五十一頁　「……不知道有多少的本輪……」Copernicus, in Danielson, 116.

五十一頁　「……剝奪了人類在宇宙中的『特殊地位』。」關於這種誤解的深入討論，請參見 Danielson, Dennis R., "The great Copernican cliché." *American Journal of Physics* 69 (10) (2001): 1029-1035.

五十二頁　「……大上四十萬倍。」Ferris, 68.

五十二頁　「他們必須讓自己接受地球會移動……」Gingerich, Owen, Personal interview. 18 December 1999.

五十二頁　「……宇宙呈現出一種美妙的對稱……」Copernicus, in Danielson, 117.

五十三頁　「……他可以從鼻子上的三個洞看出去……」Ursus, Nicolaus, *De hypothesibus astronomicis tractatus*. 引述自 Jardine, Nicholas, *The Birth of History and Philosophy of Science: Kepler's 'A Defence of Tycho Against Ursus' with Essays on its Provenance and Significance*. Cambridge: Cambridge University

Press, 1984, 35.

五十四頁 「我注意到就在我的頭頂上，出現了一顆新的、不尋常的星星……」Brahe, Tycho, *De Stella Nova*, trans. John H.Walden, in Danielson, 129.

五十四頁 「……一顆獨自閃爍於天空中的星星……」Brahe, in Danielson, 131.

五十四頁 「如果你願意在島上安頓下來……」引述自 Christianson, John Robert, *On Tycho's Island: Tycho Brahe and his Assistants, 1570-1601*. Cambridge: Cambridge University Press, 2000, 22.

五十六頁 「……憋住尿意……」引述自 Thoren, Victor E., *The Lord of Uraniborg: A Biography of Tycho Brahe*. Cambridge: Cambridge University Press, 1990, 468-9.

五十七頁 「……長久以來也為此努力不懈……」Baumgardt, Carola, *Johannes Kepler: Life and Letters*. New York: Philosophical Library, 1951, 31.

五十八頁 「我們從他寫的大量著作中……」Cohen, I. Bernard, *Revolution in Science*. Cambridge, MA: The Belknap Press of Harvard University Press, 1985, 127.

五十八頁 「……笨女兒。」Baumgardt, 27.

五十九頁 「和藹良善的人」同上 64.

五十九頁 「……無法改變的命運。」同上 66.

五十九頁 「有史以來最敏銳的思想家。」引述自 Baumgardt, 17.

五十九頁 「要靠多麼可觀的創造力……」同上 11-12.

六十一頁 「……我感到無比的喜悅。」同上 121.

第三章　天體與地球

六十三頁　「噢，望遠鏡，眾多知識的儀器……」引述自 Ferris, Timothy, *Coming of Age in the Milky Way*. New York: Anchor Books, 1988, 95.

六十六頁　「無疑是假的。」Cohen, I. Bernard, *Revolution in Science*. Cambridge, MA: The Belknap Press of Harvard University Press, 1985, 140.

六十六頁　「……第一次偉大科學的公開表演……」Lederman, Leon with Dick Teresi, *The God Particle: If the Universe is the Answer, What is the Question?* New York: Bantam Doubleday Dell Publishing, 1994, 73.

六十六頁　「……這件事也**可能**發生過……」Drake, Stillman, *Galileo at Work: His Scientific Biography*. Chicago: University of Chicago Press, 1978, 415.

六十六頁　「……類似的物體掉落實驗。」關於比薩斜塔實驗的討論，請參見 Adler, Carl G. and Byron L. Coulter, "Galileo and the Tower of Pisa experiment." *American Journal of Physics* 46 (3) (Mar. 1978): 199-201. 以及 Segre, Michael, "Galileo, Viviani and the Tower of Pisa." *Studies in the History and Philosophy of Science* 20 (4) (1989): 435-451. 關於比伽利略更早進行實驗的科學家的討論，請參見 Weiss, P., "Weights make haste: Lighter linger." Science News Online, 4 December 2001 <www.sciencenews.org/sn_arc00/12_18_99b/fob7.htm>. 以及 "Scientific Urban Legends." Lock Haven University of Pennsylvania. 4 December 2001 <www.lhup.edu/~dsimanek/sciurban.htm> 還有 Dauben, "Joseph W. Galileo: The Early Years." 收錄於 *Galileo's Experiment at the Leaning Tower of Pisa*. Endex Engineering, Inc., 4 December 2001 <www.endex.com/gf/buildings/ltpisa/ltpnews/physnews1.htm>

六十七頁「……出現了一大群肉眼看不見的星星……」Drake, Stillman, *Discoveries and Opinions of Galileo*. New York: Anchor Books, 1957, 47.

六十七頁「……在二十四小時內……」Reston, James, *Galileo: A Life*. New York: HarperCollins, 1994, 88.

六十九頁「……甚至傳到了中國。」Drake, Stillman, *Discoveries and Opinions of Galileo*, 59.

六十九頁「……名滿天下。」Reston, 204.

六十九頁「提供這些學者一千次機會」引述自 Baumgardt, Carola, *Johannes Kepler: Life and Letters*. New York: Philosophical Library, 1951, 86.

七十頁「……在晚飯過後，叫人讀《試金者》給他聽。」Reston, 191.

七十一頁「……約書亞就禱告耶和華……」*Holy Bible*, King James Version, Joshua 10: 12-13.

七十二頁「我們很可能會搞錯原意。」Galileo, *Letter to the Grand Duchess Christina*. 收錄於 Stillman Drake, *Discoveries and Opinions of Galileo*, 181.

七十二頁「……受限於聽眾的能力……」同上 211.

七十二頁「……從梵蒂岡圖書館的紅衣主教巴若尼那裡借來的」同上 186. 以及 Gingerich, Owen, "The Galileo affair." *Scientific American* (August 1982): 137.

七十二頁「……哥白尼系統其實沒有什麼大問題……」Gingerich, Owen, "The Galileo affair," 137-8.

七十三頁「……義大利內部的紛爭。」Gingerich, Owen, Personal interview. 18 December 1999.

七十三頁「……充滿了特別的個人因素……」同上。

七十三頁「……捍衛自己科學信仰」Drake, Stillman, *Discoveries and Opinions of Galileo*, 145.

七十三頁「個人因素而非原則問題」Reston, 195.

七十四頁「……它比太陽中心論更令人驚慌失措。」Rubbia, Carlo, "Galileo and the popularization of science." *Archives des Sciences* 46(3) (1993): 279.

七十四頁「……順道來拜訪的是哲學家霍布斯……」Reston, 279.

七十四頁「雙方缺乏了解產生的悲劇」引述自 Raymo, Chet, "Righting Galileo's 'wrong.'" *Sky & Telescope* (March 1993): 4.

七十五頁「……伽利略的冤魂還纏著……」Reston, 139.

七十五頁「……用數學寫的……」Galileo, *The Assayer*. 收錄於 Stillman Drake, *Discoveries and Opinions of Galileo*, 237-8.

七十六頁「老實、安靜、愛思考的男孩。」引述自 Westfall, Richard, *The Life of Isaac Newton*. Cambridge: Cambridge University Press, 1994 ed., 13.

七十六頁「雖然牛頓沒有對手那麼高大……」同上 13-14.

七十六頁「……除了念大學，做什麼事都不合適。」同上 18.

七十七頁「……頭髮也幾乎不梳。」同上 63.

七十七頁「……我正處於創造力高峰之齡……」同上 39.

七十八頁「……距離的平方成反比。」Cohen, I. Bernard, *The Birth of a New Physics*. New York: W.W. Norton & Company, 1985, 165.

八十頁　「和我一起歌頌、讚美牛頓……」Cohen, I. Bernard and Anne Whitman, *Isaac Newton-The Principia: A New Translation*. Berkeley: University of California Press, 1999, 380.

八十一頁　「讓世人為他欣喜……」引述自 Westfall, 313.

八十二頁　「……一百三十八冊有關鍊金術的書……」White, Michael, *Isaac Newton: The Last Sorcerer*. Reading, MA: Perseus Books, 1997, 119.

八十三頁　「大自然不會白費力氣……」引述自 Cohen, I. Bernard, *The Birth of a New Physics*, 127.

第四章　真知灼見的閃光

八十五頁　「……大自然存在著偉大的統一……」Walford, David, trans. and ed., *The Cambridge Edition of the Works of Immanuel Kant*. Cambridge: Cambridge University Press, 1992, 155.

八十七頁　「……閃電擊中某位英國商人的廚房……」Tolstoy, Ivan, *James Clerk Maxwell: A Biography*. Edinburgh: Canongate, 1981, 112.

八十八頁　「……電流將會導致偉大的發現。」引述自 Dibner, Bern, *Oersted and the Discovery of Electromagnetism*. New York: Blaisdell Publishing Co., 1962, 4.

八十九頁　「……到完成一項重大的發現，從來沒有這麼快的。」同上 38.

八十九頁　「精神與自然是一體的……」引述自 Gillespie, Charles Coulston, ed., *Dictionary of Scientific Biography*. New York: Charles Scribner's Sons, 1981, 185.

九十頁　「把磁轉換成電！」引述自 Tanford, Charles and Jacqueline Reynolds, "Voyage of discovery."

New Scientist 19 (26) December 1992): 53.

九十一頁　「……我只不過覺得事實很重要罷了。」引述自 Ginzburg, Benjamin, *The Adventure of Science*. New York: Simon and Schuster, 1930, 229.

九十三頁　「……一個像這樣的小孩……」引述自 Tolstoy, 14.

九十四頁　「……任何笑話……」同上 81.

九十四頁　「……搭配得非常美妙。」同上 75.

九十五頁　「首先是集大成者……」同上 126.

九十七頁　「……**光在橫斷面的震盪上**……」Maxwell, James Clerk, "On physical lines of force: Part III." *Philosophical Magazine* 4 (151) (1862): 22.

第五章　相對論、空間與時間

一〇一頁　「絕對、真實且精確的時間……」 Cohen, I. Bernard and Anne Whitman, *Isaac Newton-The Principia: A New Translation*. Berkeley: University of California Press, 1999, 408.

一〇一頁　「今後，空間自我存在……」引述自 Fölsing, Albrecht, *Albert Einstein*. New York: Penguin Books, 1998, 189.

一〇一頁　「……毀滅了所有的幻想與觀念。」Yehudi Menuhin, University of Adelaide website, 9 February 2002 <www.arch.adelaide.edu.au/~twyeld/ftp/cutsd/week3>

一〇二頁　「歷史學家霍布斯邦……」Hobsbawm, Eric, *The Age of Extremes: The Short Twentieth*

Century 1914-1991. London: Little, Brown and Company, 1994.

一〇三頁　「我們的船從碼頭向前駛去……」引述自 Danielson, D.R. (ed.), *The Book of the Cosmos: Imagining the Universe from Heraclitus to Hawking*. Cambridge, MA: Perseus Publishing, 2000, 115.

一〇六頁　「專利局的工作，和愛因斯坦最喜歡的物理問題探討，是相輔相成的。」Fölsing, 103.

一〇七頁　「……從複雜的事物中，找出簡單法則……」Wheeler, John A. *Albert Einstein: A Biographical Memoir* (National Academy Press, 1980) 摘錄至 Ferris, Timothy (ed.), *The World Treasury of Physics, Astronomy, and Mathematics*. New York: Little, Brown and Company, 1991, 568, 570.

一〇八頁　「……帶來革命性的衝擊……」引述自 Fölsing, 271.

一一三頁　「……增加了四百倍。」Bodanis, David, *$E = mc^2$: A Biography of the World's Most Famous Equation*. New York: Walker and Company, 2000, 52.

一一三頁　「一九七一年……來測試相對論。」Davies, Paul, *About Time: Einstein's Unfinished Revolution*. New York: Penguin Books, 1995, 57.

一一五頁　「……基本的特性，以及美。」Fölsing, 108.

一一五頁　「……使得那些盡力去理解它的人，心靈喜悅得顫抖。」Judson, Horace Freeland, *The Search for Solutions*. 引述自 Ferris, 784-5.

一一五頁　「我沒有時間動筆……」Calaprice, Alice (ed.), *The Expanded Quotable Einstein*. Princeton: Princeton University Press, 2000, 232.

一一六頁　「有一天，忽然有了突破……」Einstein, Albert, "How I created the theory of relativity," trans. Yoshimasa A. Ono. *Physics Today* (August 1982): 47.

一一六頁「……最幸運的想法。」Calaprice, 242.

一一七頁「……原來的相對論簡直就像是小孩子的玩意兒。」引述自 Pais, Abraham, *'Subtle is the Lord...': The Science and the Life of Albert Einstein.* Oxford: Oxford University Press, 1982, 216.

一一七頁「……美得無與倫比。」Calaprice, 234.

一一八頁「……讓我非常滿意。」引述自 Fölsing, 373.

一一八頁「……被當成空前絕後的偶像來尊敬。」同上 381.

一一九頁「這位寂寞的天才……」一些歷史學家聲稱，德國數學家希爾伯特（一八六二～一九四三年）是第一個發展出廣義相對論方程式的人。然而，最近一群學者調查了原始的文件，推斷希爾伯特的關鍵想法是出自愛因斯坦的手稿。參見 Correy, L., with J. Renn and J. Stachel, "Belated decision in the Hilbert-Einstein priority dispute." *Science* 278 (5341) (1997): 1270-1273.

一二〇頁「……最高成就之一。」Fölsing, 444.

一二〇頁「……我會為上帝感到遺憾……」引述自 Fölsing, 439.

一二一頁「科學革命」*The Times* (London) (7 November 1919): 12.

一二一頁「天空的光線都是歪歪斜斜的」*The New York Times* (10 November 1919): 17.

一二一頁「……馬車夫和服務生……」Calaprice, 238.

一二一頁「……解決了瑞典皇家科學院的困境。」Fölsing, 536.

一二一頁「無法完全確定地宣稱他們理解……」"Dr. Einstein's Theory." *The Times* (London) (28

November 1919): 13.

一二二頁　「……還出過一本科普書……」目前的版本是 Einstein, Albert, *Relativity: The Special and the General Theory*. New York: Crown Trade Paperbacks, 1961 (2nd ed.).

一二二頁　「寂寞老歌」引述自 Fölsing, 553.

一二三頁　「即使是深深讚美愛因斯坦……」Fölsing, 553.

一二三頁　「……已經被很多不同的方法證實了。」關於一九八〇年代中期測試廣義相對論的詳細記述，請參見 Will, Clifford, *Was Einstein Right?* New York: Basic Books, 1986.

一二四頁　「……重力非常地微弱……」我們會認為重力很強，只是因為它可以作用在遙遠的距離上。當電磁力作用時，正電荷的效應幾乎總是被負電荷給平衡了；但是重力卻沒有像這樣的抵消作用，因為質量總是會吸引質量。儘管如此，電磁力還是比重力要來得強。以兩個質子的情況為例，它們的電磁斥力要比它們的引力大上10^{39}倍。

一二六頁　「宇宙真的在膨脹！」這並不表示銀河是宇宙的中心。如果有個觀察者位於另一個星系，他也會看到相同的效應。我們用一個常見的比喻來說明：在一個氣球的表面畫上許多黑點，當氣球膨脹起來時，每個黑色的小點都會相互遠離。

一二六頁　「……有股神祕的力量……把銀河互相推開。」例如 Krauss, Lawrence M., "Cosmological Antigravity." *Scientific American* (January 1999): 53-59.

一二七頁　「……利用數目最少的假設……」Einstein, Albert, *Ideas and Opinions*. New York: Dell Publishing Co., 1954, 275.

第六章 量子理論與現代物理

一二九頁 「任何不被量子理論震驚的人……」引述自 Gribbin, John, *In Search of Schrödinger's Cat: Quantum Physics and Reality*. New York: Bantam Books, 1984 (1988 ed.), 5.

一二九頁 「得出一項發現……」Pais, Abraham, *Inward Bound: Of Matter and Forces in the Physical World*. New York: Oxford University Press, 1986, 134.

一三〇頁 「所有感覺得到的物質……」引述自 Purrington, Robert D., *Physics in the Nineteenth Century*. New Brunswick, NJ: Rutgers University Press, 1997, 119.

一三一頁 「……就好像用機關槍去打……」引述自 Pais, 189.

一三二頁 「……在早餐之前……還覺得餓呢！」引述自 Pais, 190.

一三三頁 「……電子圍繞著原子核旋轉……」對原子來說，電子運動的速率不一定會改變，但是它運動的方向會變，因此速度也會改變——而只要有速度的改變就表示有加速度。

一三三頁 「出過多位政治家與律師……」Crease, Robert P. and Charles C. Mann, *The Second Creation Makers of the Revolutions in Twentieth-Century Physics*. New York: MacMillan Publishing Company, 1986, 23.

一三四頁 「……『孤注一擲』的論文中……」引述自 Gribbin, 51.

一三六頁 「……準確度達萬分之一以內。」Spielberg, Nathan and Bryon D. Anderson, *Seven Ideas That Shook the Universe*. New York: John Wiley & Sons, Inc., 1987, 203.

一三七頁 「量子力學的發展……」Guillemin, Victor, *The Story of Quantum Mechanics*. New York:

Charles Scribner's Sons, 1968, 102.

一三七頁　「粒子的質量乘上速率」這裡我稍微簡化了些。在古典力學中，動量是質量乘以速度（而非速率），此二者之間的差異在於速度多了方向性。而若是快速運動的物體，這個公式還必須稍加修改，如同愛因斯坦在他的狹義相對論中所闡述的。

一三九頁　「……又再度陷入混沌。」引述自 Gribbin, 99.

一三九頁　「……豐富的數學結構……」引述自 Gribbin, 103.

一四二頁　「……**他**不會和我們玩骰子。」引述自 Pais, 261.

一四二頁　「……一有機會就會丟把骰子。」Hawking, Stephen, Lecture at the Field Museum of Natural History, Chicago. 17 December 1996. Personal tape recording.

一四二頁　「……科學家終究會知道絕對真理……」Reichenbach, Hans, The Rise of Scientific Philosophy. 引述自 Ayer, A.J. and Jane O'Grady, *A Dictionary of Philosophical Quotations*. Malden, MA: Blackwell Publishers Ltd., 1992 (1994 ed.). 371.

一四三頁　「……很想拿出槍來。」霍金對作者費瑞斯說，他改寫了納粹頭子戈林的話，據說戈林曾經說過：「當我聽到『文化』這個詞，很想拿出左輪手槍來。」參見 Ferris, Timothy, *The Whole Shebang: A State-of-the- Universe(s) Report*. New York: Simon & Schuster, 1998, 276, 345.

一四五頁　「……科羅拉多實驗室的物理學家……」Myatt, C.J. et al., "Decoherence of quantum superpositions through coupling to engineered reservoirs." *Nature* 403(6767) (2000): 269-273.

一四五頁　「……不管它們之間的距離有多遠。」Pool, Robert, "Score one (more) for the spooks."

Discover (January 1998): 53. 這種遙遠粒子間的瞬息關聯，或許聽起來有違愛因斯坦的狹義相對論，他的理論說沒有任何運動會比光速更快。事實上，量子糾纏與狹義相對論是相容的，不過背後的原因就比較專業了。實例請參見 Gribbin, 228-229.

一四五頁　「……法國物理學家愛斯派克特……」Aspect, Alain, Jean Dalibard, and Gerard Roger, "Experimental test of Bell's inequalities using time-varying analyzers." *Physical Review Letters* 49 (25) (1982): 1804-1807.

一四五頁　「……瑞士日內瓦大學的研究人員……」Pool, 53.

一四六頁　「……不管我們喜不喜歡它。」Tegmark, Max and John Wheeler, "100 years of quantum mysteries." *Scientific American* (February 2001): 72.

一四七頁　「……智商一二五的高分……」Simmons, John, *The Giant Book of Scientists: The 100 Greatest Minds of All Time.* Sydney: The Book Company, 1996, 247.

一四七頁　「如果他真是世界上最聰明的人……」引述自 Gleick, James, *Genius: The Life and Science of Richard Feynman*. New York: Pantheon Books, 1992, 397.

一四七頁　「……少於百分之一毫米……」Kleppner, Daniel and Roman Jackiw, "One hundred years of quantum physics." *Science* 289 (5481) (2000): 898.

一五〇頁　「標準模型裡總共包含了十八種粒子……」這裡我也稍微簡化了。一般認為每個費米子也都有一個相對應的反粒子，這個反粒子具有相同的質量，但是所帶的電荷相反。標準模型所包含的實體數量，取決於如何計算這些粒子和它們的反粒子。

一五二頁　「……拼布已經變成一條漂亮的掛氈。」Glashow, Sheldon, The Nobel Foundation website, 27 February 2002 <www.nobel.se/physics/laureates/1979/glashow-lecture.html>

一五三頁　「……科學史上……最成功的理論。」Kleppner, 893.

一五四頁　「……占全世界經濟價值的四分之一。」Lederman, Leon with Dick Teresi, *The God Particle: If the Universe is the Answer, What is the Question?* New York: Bantam Doubleday Dell Publishing, 1994, 185.

一五四頁　「……最後可能可以發展出『量子電腦』。」請參見 Seife, Charles, "The quandary of quantum information." *Science* 293 (5537) (2001): 2026-2027.

一五五頁　「……已經不是聰明的外行人所能掌握的了。」Barzun, Jacques, *From Dawn to Decadence, 1500 to the Present: 500 Years of Western Cultural Life.* New York: Harper Collins, 2000 (2001 ed.), 750.

一五五頁　「……在混沌的外表下潛藏著……」Planck, Max, *Where is Science Going?* London: Unwin Brothers Ltd., 1933, 13.

一五六頁　「……太拜占庭了，不會是完整的故事。」Llewellyn Smith, Chris, "The large hadron collider." *Scientific American* (July 2000): 72.

一五六頁　「……顯然不是最後的答案。」Weinberg, Steven, "The great reduction: Physics in the twentieth century." 收錄於 Howard, Michael and W. Roger Louis (eds.), *The Oxford History of the Twentieth Century.* New York: Oxford University Press, 1998, 33.

一五六頁　「……理論一定會有所遺漏。」Greenberger, Daniel and Anton Zeilinger. "Quantum theory: still crazy after all these years." *Physics World* (September 1995): 38.

第七章 把尾端綁緊

一五九頁 「萬事始於一……」引述自 Reale, Giovanni, *A History of Ancient Philosophy. Vol. 1. From the Origins to Socrates* (trans. John R. Catan). Albany, NY: State University of New York Press, 1987, 33.

一五九頁 「遲早我們將會發現……」Weinberg, Steven, "The future of science and the universe." *New York Review of Books* (15 November 2001): 58.

一六〇頁 「……我們有了新理論的開端……」Gross, David and Edward Witten, "The frontier of knowledge." *The Wall Street Journal* (12 July 1996): A12.

一六四頁 「……魔術、神祕，或是薄膜……」引述自 Duff, Michael J., "The theory formerly known as strings." *Scientific American* (February 1998): 64.

一六四頁 「很多人公認最有天分的物理學家……」"*TIME*'s 25 Most Influential Americans." *TIME* (17 June 1996): 26.

一六四頁 「……不論做什麼事都能點石成金。」說話的是哈佛大學的物理學家科爾曼。引述自 Cole, K.C., "A theory of everything." *The New York Times Magazine* (18 October 1987): 20.

一六四頁 「……一個藏著大量金礦的洞穴……」Witten, Edward, Personal interview. 6 May 1997.

一六五頁 「……可能的量子重力理論……」Peet, Amanda, Telephone interview. 21 August 2001.

一六五頁 「……我不知道還有其他足以匹敵……」Davies, Paul, author interview for CBC Radio. 1 May 1997.

一六五頁 「……『賣過頭了』或是『相當乏味』……」Hawking, Stephen and Roger Penrose, *The*

Nature of Space and Time. Princeton: Princeton University Press, 1996, 4, 123.

一六五頁　「……像是相信上帝把化石放在岩石裡……」Hawking, Stephen, *The Universe in a Nutshell*. New York: Bantam Books, 2001, 57.（威滕已經在他的演講中用過這個「化石比喻」。）

一六六頁　「……連光都無法逃脫。」Hawking, Stephen, *The Universe in a Nutshell*, 111.

一六六頁　「……那位坐在輪椅上的傢伙寫的書。」From *The Simpsons Halloween Special VI*, 29 October 1995.

一六七頁　「……霍金和貝肯斯坦把黑洞熵值的公式研究出來。」請參見 Hawking, Stephen, *A Brief History of Time: From the Big Bang to Black Holes*. New York: Bantam Books, 1998 (1990 ed.), 99-113.

一六七頁　「……用弦論去計算黑洞的量子狀態……」Strominger, Andrew and Cumrun Vafa, "Microscopic origin of the Beckenstein-Hawking entropy." *Physics Letters B* 379 (1996): 99-104.

一六八頁　「……對我們的宇宙或許真有什麼可說的。」Peet, Amanda, Telephone interview. 21 August 2001.

一六八頁　「……傾向於相信它。」Hawking, Stephen, Lecture at the Field Museum of Natural History, Chicago. 17 December 1996. Personal tape recording.

一六八頁　「大大增加我們的信心……」Hawking, Stephen, Lecture at the University of Toronto. 27 April 1998. Personal tape recording.

一六八頁　「有個理論說……」Adams, Douglas, *The Restaurant at the End of the Universe*. London: Pan Books, 1980, 7-8.

一七一頁 「……新的理論稱為**暴脹**。」暴脹理論還解決了不少其他問題，參閱這篇熱門的記述：Nadis, Steve, "Cosmic inflation comes of age." *Astronomy* (April 2002): 28-32.

一七一頁 「……所謂的『劫火宇宙』」Steinhardt, Paul, Justin Khoury, Burt A. Ovurt, Nathan Sieberg, and Neil Turok, "Ekpyrotic universe: Colliding branes and the origin of the hot big bang." *Physical Review D* 64 (12) (2001): article 123572.

一七二頁 「他提出『循環宇宙』的觀念……」Steinhardt, Paul, Justin Khoury, Burt A. Ovurt, and Neil Turok, "From big crunch to big bang." Los Alamos electronic preprint archive, 22 March 2002 <xxx.lanl.gov/PS_cache/hep-th/pdf/0108/0108187.pdf>. 參閱這篇熱門的記述：Chown, Marcus, "Cycles of Creation." *New Scientist* (16 March 2002): 26-30.

一七二頁 「……我認為弦論能回答這個問題。」Steinhardt, Paul, Telephone interview. 7 February 2002.

一七三頁 「……經常互相討論。」Peet, Amanda, Telephone interview. 21 August 2001.

一七三頁 「……或至少與弦論相容。」Starkman, Glenn, Telephone interview. 22 August 2001.

一七四頁 「它是目前僅有的遊戲。」同上。

一七四頁 「使這股傳染病不要傳入哈佛校園……」Glashow, Sheldon, BBC Radio interview. Printed in Davies, P.C.W. and Julian Brown, *Superstrings: A Theory of Everything?* Cambridge: Cambridge University Press, 1988 (1995 ed.), 191.

一七四頁 「……我們可以說，它還飄在半空中。」Glashow, Sheldon, Personal interview. 8 May 1997.

一七六頁　「……新型加速器應該有足夠的力道……」請參見 Llewellyn Smith, Chris, "The large hadron collider." *Scientific American* (July 2000): 72-77.

一七六頁　「……是這個世界的正確理論。」Peet, Amanda, Telephone interview. 21 August 2001.

一七八頁　「……是個可以用實驗來探索的一個非常基本的問題。」Schwarz, John, Telephone interview. 22 August 2001.

一七九頁　「有個……複雜變化」Randall, L. and R. Sundrum, "An alternative to compactification." *Physical Review Letters* 83 (23) (1999): 4690-4693.

一七九頁　「在高維度的空間裡……」引述自 Chown, Marcus, "The great beyond." *New Scientist* (18 December 1999): 8.

一七九頁　「……開啟了一個全新的領域。」Randall, Lisa and Matthew D. Schwartz. "Unification and hierarchy from 5D anti-de sitter space." *Physical Review Letters* 88 (8) (2002): 081801-1.

一八〇頁　「數學擁有的不僅是真實……」引述自 Coxeter, H.S.M., *Introduction to Geometry*. John Wiley & Sons, Inc., New York: 1961 (1966 ed.), xvii.

一八〇頁　「……像叢林裡血淋淋的生存競爭一樣……」van Fraassen, B.C., *The Scientific Image*. New York: Clarendon Press, 1980, 40.

一八一頁　「顯示宇宙驚人的對稱……」Copernicus, Nicolaus, *De Revolutionibus Orbium Caelestium*, trans. D.R. Danielson. 收錄於 Danielson (ed.), *The Book of the Cosmos: Imagining the Universe from Heraclitus to Hawking*. Cambridge, MA: Helix, 2000, 117.

一八一頁　「……充滿了難以置信的愉悅。」Baumgardt, Carola, *Johannes Kepler: Life and Letters*. New York: Philosophical Library, 1951, 121.

一八一頁　「無與倫比的美麗」Calaprice, Alice (ed.), *The Expanded Quotable Einstein*. Princeton: Princeton University Press, 2000, 234.

一八一頁　「豐富的數學結構」引述自 Gribbin, John, *In Search of Schrödinger's Cat: Quantum Physics and Reality*. New York: Bantam Books, 1984 (1988 ed.), 103.

一八一頁　「……美麗與否，甚至比……更重要。」引述自 Judson, Horace Freeland, "The art of discovery." 收錄於 Ferris, Timothy (ed.), *The World Treasury of Physics, Astronomy, and Mathematics*. New York: Little, Brown and Company, 1991, 786.

一八一頁　「……最漂亮而結構完整……」Vafa, Cumrun, Personal interview. 6 May 1997.

一八一頁　「唯一可信賴的真實來源」引述自 Fölsing, Albrecht, *Albert Einstein*. New York: Penguin Books, 1998, 561.

一八二頁　「……只透過數學……」Fölsing, 561.

一八二頁　「……我們既不了解，也配不上它。」引述自 Ferris, Timothy (ed.), *The World Treasury of Physics, Astronomy, and Mathematics*. New York: Little, Brown and Company, 1991, 568, 540.

一八二頁　「……似乎是個很深奧的真理……」Schwarz, John, Telephone interview. 22 August 2001.

一八三頁　「……發現自然的最後定律……」Weinberg, Steven, *Dreams of a Final Theory: The Scientist's Search for the Ultimate Laws of Nature*. New York: Random House, 1992 (1994 ed.), 90.

一八四頁　「……多方面地表現出它的美麗與單純。」Lederman, Leon, Author interview for CBC Radio. 2 May 1997.

一八四頁　「一堆金屬螺栓的討厭柱子」Website of The Eiffel Tower "The Tower Stirs Debate and Controversy." 6 March 2002 <www.tour-eiffel.fr/teiffel/uk/documentation/dossiers/page/debats.html>

一八五頁　「……從未料到自己必須知道……」Schwarz, John, Telephone interview. 22 August 2001.

一八五頁　「……暴露出自己無知的程度。」Dyson, Freeman J., "Butterflies and superstrings." 收錄於 Ferris, Timothy (ed.), *The World Treasury of Physics, Astronomy, and Mathematics*. New York: Little, Brown and Company, 1991, 129.

一八六頁　「……大半的內容卻都記不起來了。」Lederman, Leon with Dick Teresi, *The God Particle: If the Universe is the Answer, What is the Question?* New York: Bantam Doubleday Dell Publishing, 1994, 394.

一八六頁　「……必須遠渡重洋到歐洲去。」Witten, Edward, Personal interview. 6 May 1997.

一八六頁　「……當大家熟悉它的材質——鑄鐵，而鑄鐵的應用也逐漸傳開之後……」哲學家麥克阿里斯特在最近的一篇文章中，深入探討了美學在藝術（包括建築）和物理科學上的相似之處。他說我們對於美的感知，可能會不自覺地受到理論的成功經驗所支配：只要看到一個理論能對大自然做出正確的預測，我們就會覺得它是美的。參見 McAllister, James, "Is beauty a sign of truth in scientific theories?" *American Scientist* (March-April 1998): 174-183.

一八七頁　「……這件事還在發展中。」Barrow, John, Author interview for CBC Radio. 13 May 1997.

一八七頁　「……超越了技巧與媒材……」Tolstoy, Ivan, *James Clerk Maxwell: A Biography*. Edinburgh: Canongate, 1981, 105.

一八八頁　「……對其他領域產生經費排擠……」引述自 Glanz, James, "With little evidence, string theory gains influence." *The New York Times* (13 March 2001): D4.

一八八頁　「……並不代表它們一定是對的。」引述自 Dreifus, Claudia, "A mathematician at play in the fields of spacetime." *The New York Times* (19 January 1999): F3.

一八八頁　「……所謂的『大突破』（應該）要更謙虛一些。」Hooft, Gerard, E-mail interview. 6 February 2002.

一八八頁　「……M理論這個拼圖的核心部分還有個缺口……」Hawking, Stephen, *The Universe in a Nutshell*, 175.

一八八頁　「對這個美妙的數學結構……」Schwarz, John, "Recent progress in superstring theory." Los Alamos electronic preprint archive, 8 March 2002 <xxx.lanl.gov/PS_cache/hep-th/pdf/0007/0007130.pdf>

一八八頁　「……掉到二十世紀物理學家的手中」這句話源自義大利物理學家阿曼提，不過後來是因為威滕而廣為流傳。

一八八頁　「……發現了一件其他文化留下來的先進工具……」引述自 Taubes, Gary, "A theory of everything takes shape." *Science* 269 (5230) (1995): 1513.

一八九頁　「對於理論學家的『空想』不應該吹毛求疵……」Einstein, Albert, *Ideas and Opinions*. New York: Dell Publishing Co., 1954, 275-6.

第八章　意義何在？

一九一頁　「我們對事實毫無所知……」引述自 Taylor, C.C.W. (ed.), *The Routledge History of Philosophy.* Vol. I. New York: Routledge, 1997, 229.

一九一頁　「世界的永恆之謎……」 Einstein, Albert, *Ideas and Opinions*. New York: Dell Publishing Co., 1954, 285.

一九二頁　「科學無法告訴我們……」Schrödinger, Erwin, *Mind and Matter*. Excerpted in Wilbur, Ken (ed.), *Quantum Questions: Mystical Writings of the World's Greatest Physicists*. Boston: Shambhala Publications, Inc., 1984 (2001 ed.), 84.

一九四頁　「……下次選舉的投票行為。」Davies, Paul, Author interview for CBC Radio. 1 May 1997.

一九四頁　「……更好的電視遊樂器。」Starkman, Glenn, Telephone interview. 22 August 2001.

一九六頁　「……人們再也寫不出像盧克萊修和彌爾頓那樣的史詩……」Barzun, Jacques, *From Dawn to Decadence, 1500 to the Present: 500 Years of Western Cultural Life*. New York: Harper Collins, 2000 (2001 ed.), 750.

一九七頁　「……或海恩斯的《小宇宙灰塵詩》。」這三首詩都能在此書中找到：Ferris, Timothy (ed.), *The World Treasury of Physics, Astronomy, and Mathematics*. New York: Little, Brown and Company, 1991.

一九九頁　「……不值得去踢它。」Eddington, A.S., *The Nature of the Physical World*. Cambridge: Cambridge University Press, 1928, 327.

一九九頁　「……關於大自然我們可以說些什麼。」Bohr, Niels, *Essays on Atomic Physics and Human Knowledge 1932-1957*. 引述自 Pullman, Bernard, *The Atom in the History of Human Thought*. Oxford: Oxford University Press, 1998, 301.

二〇〇頁　「……把想像與現實混淆。」Gribbin, John, *Schrödinger's Kittens and the Search for Reality*. New York: Little, Brown, and Company, 1995, 186.

二〇一頁　「……表態當什麼『主義者』。」Witten, Edward, Telephone interview. 8 Mar 2002.

二〇一頁　「……身為一個實證主義者……」Hawking, Stephen, *The Universe in a Nutshell*. New York: Bantam Books, 2001, 54.

二〇一頁　「……而與事實本身無關。」Brown, James Robert, *Who Rules in Science? An Opinionated Guide to the Wars*. Cambridge, MA: Harvard University Press, 2001, 3.

二〇一頁　「他們最令人側目的是雙重標準。」Brown, 176.

二〇一頁　「最近……有一種風潮……」Davies, Paul, Telephone interview for CBC Radio. 16 August 2000.

二〇二頁　「……相信天上真的有星星……」引述自 Planck, Max, *Where is Science Going?* London: Unwin Brothers Ltd., 1933, 213.

二〇三頁　「物理不是宗教……」Lederman, Leon with Dick Teresi, *The God Particle: If the Universe is the Answer, What is the Question?* New York: Bantam Doubleday Dell Publishing, 1994.

二〇三頁　「創造者的神恩」Copernicus, Nicolaus, *De Revolutionibus Orbium Caelestium*, trans. D.R.

Danielson. 收錄於 Danielson (ed.), *The Book of the Cosmos: Imagining the Universe from Heraclitus to Hawking*. Cambridge, MA: Perseus Publishing, 2000, 115.

二〇三頁　「……愈能了解創造者與祂的偉大。」Baumgardt, Carola, *Johannes Kepler: Life and Letters*. New York: Philosophical Library, 1951, 33.

二〇四頁　「……可能採取的……就是探索星空。」Somerville, Mary, *On the Connexion of the Physical Sciences*. 收錄於 Danielson, 299.

二〇四頁　「科學無宗教是跛子……」Einstein, Albert, *Ideas and Opinions*, 55.

二〇五頁　「我所理解的神……」Calaprice, Alice (ed.), *The Expanded Quotable Einstein*. Princeton: Princeton University Press, 2000, 203, 204.

二〇五頁　「……其間的邏輯過程大有問題，或根本不存在。」Lederman, 190.

二〇五頁　「……上帝只是為了觀察人類的善惡交戰……」Feynman, Richard, *The Pleasure of Finding Things Out*. Cambridge, MA: Helix Books, 1999, 250.

二〇五頁　「……就愈看得出它是沒有意義的。」Weinberg, Steven, *The First Three Minutes: A Modern View of the Origin of the Universe*. New York: Harper Collins, 1977 (1988 ed.), 154.

二〇六頁　「……我認為沒有。」Weinberg, Steven, *Dreams of a Final Theory*, 245.

二〇六頁　「……造物者有計畫、刻意……」Gingerich, Owen, "Let there be light: modern cosmogony and biblical creation." 收錄於 Ferris, Timothy (ed.), *The World Treasury of Physics , Astronomy, and Mathematics*. New York: Little, Brown and Company, 1991, 386.

二〇六頁　「……美國大約有百分之四十的科學家……」Larson, Edward J. and Larry Witham, "Scientists and religion in America." *Scientific American* (September 1999): 88-93.

二〇六頁　「……美國國家科學院的院士……」Angier, Natalie, "Confessions of a lonely atheist." *The New York Times Magazine* (14 January 2001): 37.

二〇七頁　「無止境地保證有一組完美的法則……」Davies, telephone interview.

二〇七頁　「……對神的想法非常抽象……」Andresen, Jensine, Personal interview. 16 December 1999.

二〇七頁　「……我們不應該從這個成就上退縮。」一九九九年四月，華盛頓召開了一場主題為「宇宙問題」的會議，溫伯格在那場會議上發表了演說，後來出版為〈一個設計的宇宙？〉（A designer universe?），收錄於 *The New York Review of Books* (21 October 1999), 48.

二〇七頁　「知道上帝的心意。」Hawking, Stephen, *A Brief History of Time: From the Big Bang to Black Holes*. New York: Bantam Books, 1998 (1990ed.), 175.

二〇八頁　「就像見到了上帝。」引述自 "Discovery bolsters big bang theory." *The Globe and Mail* (Toronto) (24 April 1992): A1.

二〇八頁　「基督是任何科學理論不可或缺的。」Dembski, William, *Intelligent Design: The Bridge Between Science and Theology*. Downers Grove, IL: InterVarsity Press, 1999, 206, 210.

二〇八頁　「……米勒就曾在他最近的書……」Miller, Kenneth R., *Finding Darwin's God: A Scientist's Search for the Common Ground Between God and Evolution*. New York: Harper Collins, 1999.

二〇九頁　「微調問題」更詳細的討論請參見 Ferris, Timothy, *The Whole Shebang: A State-of-the-*

Universe(s) Report. New York: Simon & Schuster, 1998, 297-306.

二一〇頁　「……把宇宙當成是為了我們而設的……」Ferris, Timothy, *The Whole Shebang*, 305.

二一〇頁　「如果我是全能的創造者……」Russell, Bertrand, *Religion and Science*. Oxford: Oxford University Press, 1961 (1997 ed.), 222.

二一〇頁　「多重宇宙」請參見 Rees, Martin, *Just Six Numbers: The Deep Forces That Shape the Universe*. New York: Basic Books, 1999 (2000 ed.).

二一〇頁　「……不是形而上的玄學。」Rees, Martin, Author interview for CBC Radio. 22 September 2000.

二一〇頁　「……與最深層的……」Rees, Martin, *Before the Beginning: Our Universe and Others*. Reading, MA: Helix Books, 1997 (1998 ed.), 253.

二一一頁　「一個神、一個定律……」Tennyson, Alfred (Lord), "In Memoriam." 收錄於 Hill, Robert W., Jr. (ed.), *Tennyson's Poetry*. New York: W.W. Norton & Company, Inc., 1971.

二一一頁　「……有個東西支撐著所有的事情……」Davies, Paul, Telephone interview for CBC Radio. 16 August 2000.

二一一頁　「……感覺很像宗教。」Einstein, Albert, *Ideas and Opinions*. New York: Dell Publishing Co., 1954, 255.

二一二頁　「……一位上帝，而不需要很多……」Barrow, John, Author interview for CBC Radio. 13 May 1997.

二一二頁「……對一個人的思想有所影響。」Salam spoke in a BBC Radio interview. 引述自 Wolpert, Lewis and Allison Richards, *A Passion for Science*. Oxford: Oxford University Press, 1988 (1989 ed.), 18.

二一三頁「……一部分是適應演化的過程……」Barrow, John, Author interview.

二一三頁「……並沒有一個**理由**說事情一定會變得更簡單……」引述自 Crease, Robert P. and Charles C. Mann, *The Second Creation: Makers of the Revolutions in Twentieth-Century Physics*. New York: MacMillan Publishing Company, 1986, 417.

二一三頁「……我就對它們沒興趣。」引述自 Wheeler, John, "Mercer Street and other memories." 收錄於 Ferris, Timothy (ed.), *The World Treasury of Physics, Astronomy, and Mathematics*. New York: Little, Brown and Company, 1991, 566.

第九章　終曲

二一五頁「……最終答案……是四十二。」Adams, Douglas, *The Hitch Hiker's Guide to the Galaxy*. London: Pan Books, 1979 (1983 ed.), 135.

二一六頁「……現在的研究生……」Witten, Edward, Telephone interview. 8 March 2002.

二一七頁「……更禁得起試驗……」Popper, Karl, "The logic of scientific discovery." 引述自 Ferris, Timothy (ed.), *The World Treasury of Physics, Astronomy, and Mathematics*. New York: Little, Brown and Company, 1991, 800.

二一七頁「……永遠是質問與懷疑的對象」Einstein, Albert, *Ideas and Opinions*, 315.

二一七頁　「……一部分你相信的系統。」Lederman, Leon, Author interview for CBC Radio. 2 May 1997.

二一八頁　「但我認為它遲早會發生……」Weinberg, Steven, "The future of science, and the universe." *The New York Review of Books* (15 November 2001): 58.

二一八頁　「在二〇一〇年左右……到二〇一五年，會有完整的理論。」Smolin, Lee, *Three Roads to Quantum Gravity*. London: Weidenfeld & Nicholson, 2000 (Basic Books edition, 2001), 211.

二一八頁　「……被**科學成功**這件事鼓舞了……」Lederman interview, 2 May 1997.

二一九頁　「……我希望自己能活著看到它。」Witten, Edward, Personal interview. 6 May 1997.

二一九頁　「……這是個值得去發現的好東西。」Feynman, Richard, *The Pleasure of Finding Things Out*. Cambridge, MA: Helix Books, 1999, 23.

二二〇頁　「人身體的力量有限……」引述自 Kirk, G.S., J.E. Raven, and M. Schofield, *The Presocratic Philosophers: A Critical History with a Selection of Texts*. Cambridge: Cambridge University Press, 1957 (1987 ed.), 285.

引用文獻

Quotations from *The Life of Isaac Newton* by Richard Westfall (1994), *The Lord of Uraniborg* by Victor E. Thoren (1990), *On Tycho's Island: Tycho Brahe and his Assistants, 1570-1601* by John Robert Christianson (2000), and *The Presocratic Philosophers: A Critical History With a Selection of Texts* (1957; 2nd ed. 1983) by G.S. Kirk, J.E. Raven, and M. Schofield are reprinted with the permission of Cambridge University Press.

Quotations from *Isaac Newton-The Principia: A New Translation* translated and edited by I. Bernard Cohen and Anne Whitman (1999) are used courtesy of the University of California Press and the Regents of the University of California.

Quotations from *Dreams of a Final Theory* by Steven Weinberg (1992), *Discoveries and Opinions of Galileo* by Stillman Drake (Anchor edition 1957), and *The Universe in a Nutshell* by Stephen Hawking (2001) are used courtesy of Random House.

Quotations from *De Revolutionibus Orbium Caelestium* by Nicolaus Copernicus, translated by Dennis Richard Danielson in *The Book of the Cosmos: Imagining the Universe from Heraclitus to Hawking*

(Cambridge Mass.: Perseus Publishing 2000) are used by permission of the translator.

Quotations from *Revolution in Science* by I. Bernard Cohen (Cambridge Mass.: The Belknap Press of Harvard University Press 1985) are reprinted by permission of the publisher and the President and Fellows of Harvard College.

Quotations from *Albert Einstein* by Albrecht Fölsing (Penguin Putnam 1998) and *The Origins of Scientific Thought* by Georgio de Santillana (New American Library edition 1961) are used courtesy of Penguin Putnam Inc.

Quotations from *From Dawn to Decadence, 1500 to the Present: 500 Years of Western Cultural Life* by Jacques Barzun (2000) are used courtesy of HarperCollins.

Quotations from *James Clerk Maxwell: A Biography* by Ivan Tolstoy (Canongate 1991) are used courtesy of the author.

Quotation from *Schrödinger's Kittens and the Search for Reality* by John Gribbin (1995) is used courtesy of Little, Brown and Company.

Quotation from *Albert Einstein: A Biographical Memoir* by John A.Wheeler (1980) is used courtesy of National Academy Press.

Quotation from "Quantum theory: still crazy after all these years," by Daniel Greenberger and Anton Zeilinger, in *Physics World* September 1995, page 38, is used courtesy of *Physics World.*

Quotation from "How I Created the Theory of Relativity," by Albert Einstein, translated by Yoshimasa A. Ono, *Physics Today* August 1982, page 47, as well as the Schrödinger's Cat drawing, are used courtesy of *Physics Today*.

Quotations from *Ideas and Opinions*, by Albert Einstein ©1954, 1982 Crown Publishers, Inc. are used by permission of Crown Publishers, a division of Random House, Inc.

Quotations from *The Expanded Quotable Einstein*, ed. Alice Calaprice (2000) are reprinted by permission of Princeton University Press.

Thanks to the Barbara Wolff and the Albert Einstein Archives of the Hebrew University of Jerusalem for assistance in verifying Einstein quotations.

Quotations from John Barrow, Paul Davies, Owen Gingerich, Leon Lederman, Amanda Peet, John Schwarz, Glenn Starkman, Steven Weinberg, and Edward Witten are used by permission.

Quotations from *Early Greek Philosophy* by Jonathan Barnes (1987) and *Herodotus-The Histories*, translated by Aubrey de Selincourt (1996) are used by permission of Penguin U.K.

Images from the American Institute of Physics are used courtesy of the Emilio Segrè Visual Archives; thanks to the Friends of the Center for History of Physics for their support of the collections. Louis de Broglie by A. Bortzells Tryckeri, Weber Collection; Albert Einstein with Niels Bohr by Paul Ehrenfest, Ehrenfest Collection; Stephen Hawking and Erwin Schrödinger from the Physics Today Collection; James Clerk Maxwell from the collection of Sir Henry Roscoe; Max Planck from the W.F. Meggers Gallery of Nobel Laureates.

Cartoons appear courtesy of The New Yorker Collection and cartoonbank.com. "five basic elements..." ©2000 J.P. Rini; "This is Merlin..." ©1994 Dana Fradon; "It's all string theory..." ©1998 Victoria Roberts; "If only it were so simple" ©1987 Bernard Schoenbaum; "Scientists confirm..." ©1998 Jack Ziegler.

Photo of David Gross by Len Wood reprinted with permission from the Santa Barbara News-Press.

Thanks to Andrew Skelly, Tom Venetis, and Ann Venetis for author photo and "waves" photo.

Original artwork by Dave McKay.

附圖列表

中英對照表

文獻和媒體

四至五畫

《天文學大成》 *Almagest*

《天體運行論》 *De revolutionibus orbium coelestium*

《失樂園》 *Paradise Lost*

六至七畫

《全知》 *Omni* magazine

《地圖集》 Atlas

〈但以理書〉 Book of Daniel

八畫

《亞維農姑娘》 *Les Demoiselles d'Avignon*

《物理學之道》 *The Tao of Physics*

《物理之舞》 *The Dancing Wu Li Masters*

《物理學年鑑》 *Annalen der Physik*

《芬尼根守靈夜》 *Finnegans Wake*

九畫

《春之祭》 *The Rite of Spring*

《星際信使》 *Siderius Nuncius*

〈約書亞書〉 Book of Joshua

十畫

《原理》 *Principia*

《唐吉訶德》 *Don Quixote*

《時間簡史》 *A Brief History of Time*

十二至十三畫

《最終理論之夢》 *Dreams of a Final Theory*

《幾何原理》 *The Elements of Geometry*

《試金者》 *The Assayer*

〈詩篇〉 PSALM

十九畫

《關於托勒密和哥白尼兩大世界體系的對話》 *A Dialogue Concerning the Two Chief World Systems-Ptolemaic and Copernican*

《關於兩門新科學的對話》 *The Dialogues Concerning Two New Sciences*

人名

二至四畫

丁尼生 Alfred Lord Tennyson

丹尼爾森 Dennis Richard Danielson

厄司特 Hans Christian Oersted

孔恩 Thomas Kuhn

巴克禮 George Berkeley

巴貝里尼 Maffeo Barberini

巴若尼 Baronius

巴恩斯 Jonathan Barnes

巴森 Jacques Barzun

巴羅 John D. Barrow

戈林 Hermann Goering

五畫

包立 Wolfgang Pauli

卡文迪西 Henry Cavendish

卡西尼 Thomas Caccini

卡拉瓦喬 Caravaggio

卡魯扎 Theodor Kaluza

古斯 Alan Guth

史考特 David R. Scott

史坦哈特 Paul Steinhardt

史特拉汶斯基 Igor Stravinsky

史密斯 Chris Llewellyn Smith

史穆特 George Smoot

布朗 John Brown
布魯諾 Giordano Bruno
弗拉森 Bas van Fraassen
弗金斯 Susan Folkins
弗爾辛 Albrecht Fölsing
瓦法 Cumrun Vafa
皮特 Amanda Peet

六畫

休謨 David Hume
伏特 Alessandro Volta
列德曼 Leon Lederman
吉伯特 William Gilbert
安妮女王 Queen Anne
安培 André Marie Ampère
安德生 Jensine Andresen
安德魯 Andrew
托勒密 Claudius Ptolemy
托爾斯泰 Ivan Tolstoy
米列娃 Mileva Maric
米勒 Kenneth Miller
艾爾加 Edward Elgar

七畫

亨利 Joseph Henry
伽伐尼 Luigi Galvani
伽利略 Galileo
伯登尼斯 David Bodanis
克卜勒 Johannes Kepler
克里斯汀森 John Robert Christianson
克萊因 Oskar Klein
克羅馬 Alan Cromer
希納福 Pekka Sinervo
希爾伯特 David Hilbert
希羅多德 Herodotus
李普希 Hans Lippershey

狄拉克 Paul Dirac
貝肯斯坦 Jacob Beckenstein
貝塞爾 Frederich Wilhelm Bessel
辛普利修 Simplicio
辛普利修斯 Simplicius
辛普森老爹 Homer Simpson
里斯 Martin Rees

八畫

亞里斯多德 Aristotle
亞基羅古斯 Archilochus
佩坎 John Pecham
坦娜 Rosemary Tanner
尚恩 Marcus Chown
拉塞福 Ernest Rutherford
林德 Andrei Linde
林德伯格 David C. Lindberg
波耳 Niels Bohr
波恩 Max Born
波普爾 Karl Popper
波爾金霍恩 John Polkinghorne
法拉第 Michael Faraday
法蘭西斯科 Francesco
金格瑞契 Owen Gingerich
金斯 James Jeans
門德列夫 Dmitri Mendeleyev
阿米塔吉 Lindberg
阿利斯塔克斯 Aristarchus
阿那克西米尼 Anaximenes
阿拉戈 Francois Arago
阿奎納 Thomas Aquinas
阿曼提 Daniele Amanti
阿基米德 Archimedes

九畫

哈伯 Edwin Hubble

哈雷 Edmond Halley
哈爾斯 Russell Hulse
哈維 Jeff Harvey
哈維 William Harvey
威滕 Edward Witten
施溫格 Julian Schwinger
施維 Phil Schewe
柯恩 I. bernard Cohen
柏妮絲 Bernice
柏拉圖 Plato
科爾曼 Sidney Coleman
約翰 John
約翰生 Samuel Johnson
韋格納 Eugene Wigner

十畫

庫侖 Charles-Augustin de Coulomb
恩培多克勒 Empedocles
朗 A. A. Long
桑卓姆 Raman Sundrum
格拉肖 Sheldon Glashow
格林恩 Brian Greene
格萊斯頓 Joel Gladstone
格羅斯泰斯特 Robert Grosseteste
泰勒 Joseph Taylor
泰勒斯 Thales
海森堡 Werner Heisenberg
烏爾班八世 Urban Ⅷ
烏爾索斯 Nicolaus Ursus
留基柏 Leucippus
索倫 Victor E Thoren
索麥維 Mary Somerville
馬可尼 Guglielmo Marconi
馬克士威 Clerk Maxwell
馬倫 Stephen Maran
馬格納斯 Albertus Magnus

馬斯特林 Michael Mastlin
高德斯坦 Thomas Goldstein

十一畫

曼恩 Charles C. Mann
曼紐因 Yehudi Menuhin
培根 Roger Bacon
崔爾 John Traill
康杜特 John Conduitt
康德 Immanuel Kant
笛卡兒 René Descartes
第谷 Tycho Brahe
莫立 Edward Morley
莫里森 David Morrison
荷馬 Homer
麥卡托 Gerardus Mercator
麥克阿里斯特 James McAllister
麥塔格 Jennifer MacTaggart

十二畫

喬伊斯 James Joyce
喬治・湯姆森 George Thompson
富蘭克林 Benjamin Franklin
彭羅斯 Roger Penrose
惠更斯 Christiaan Huygens
惠勒 John Wheeler
斯莫林 Lee Smolin
斯塔克曼 Glenn Starkman
斯楚明格 Andrew Strominger
斯賓諾莎 Baruch Spinoza
普里馬克 Joel Primack
普朗克 Max Planck
普爾曼 Bernard Pullman
普靈頓 Robert D. Purrington
朝永振一郎 Sin-Itiro Tomonaga
湯姆森 J.J. Thompson
腓特烈二世 Frederick II

舒瓦茲 John Schwarz
萊布尼茲 Gottfried Leibniz
萊興巴哈 Hans Reichenbach
菲涅耳 Augustin Fresnel
費曼 Richard Feynman
費瑞斯 Timothy Ferris
閔可夫斯基 Hermann Minkowski

十三畫

塞萬提斯 Miguel de Cervantes
奧古斯丁 Augustine of Hippo
奧坎 William of Ockham
愛丁頓 Arthur Stanley Eddington
愛斯派克特 Alain Aspect
愛麗絲 Alice
楊 Thomas Young
溫伯格 Steven Weinberg
葛林 Michael Green
葛瑞賓 John Gribbin
葛雷柯 El Greco
葛爾曼 Murray Gell-Mann
葛羅斯 David Gross
賈德森 Horace Judson
道耳吞 John Dalton
達夫 Michael Duff
達伽馬 Vasco da Gama
雷莫 Chet Raymo
雷斯頓 James Reston

十四畫

維吉爾 Virgil
維特曼 Martinus Veltman
赫西奧德 Hesiod
赫拉克利特 Heraclitus
赫茲 Heinrich Hertz

十五畫

德布羅意 Louis de Broglie
德雷克 Stillman Drake
德謨克利特 Democritus
摩斯 Samuel Morse
歐幾里德 Euclid
魯比亞 Carlo Rubbia
魯本斯 Rubens
魯道夫二世 Rudolf II
黎曼 C.F. Bernhard Riemann

十六畫

盧克萊修 Lucretius
錢德拉塞卡 Subrahmanyan Chandrasekhar
霍夫特 Gerard't Hooft
霍布斯 Thomas Hobbes
霍布斯邦 Eric Hobsbawm
霍金 Stephen Hawking

鮑姆加德 Carola Baumgardt

十七畫

彌爾 John Stuart Mill
彌爾頓 John Milton
戴森 Freemen Dyson
戴維斯 Paul Davies
戴維爵士 Sir Humphrey Davy
薛丁格 Erwin Schrödinger
謝爾克 Joel Scherk
邁克生 Albert Michelson
韓德勒 Richard Handler

十八畫

薩拉姆 Abdus Salam
薩格萊多 Sagredo
薩維亞堤 Salviati
藍道爾 Lisa Randall

魏斯特福 Richard Westfall

十九畫以上

懷特 Michael White
瓊斯 Alexander Jones
羅素 Bertrand Russell
鐵馬克 Max Tegmark

地名、機構名

三至四畫

三一學院 Trinity College
巴爾的摩 Baltimore
文島 island of Ven
比薩 Pisa

五畫

以弗斯 Ephesus
布拉格 Prague
布朗克斯 Bronx
弗龍堡 Frombork

六畫

托倫 Torun
托斯卡尼 Tuscany
托雷多 Toledo
米利都 Miletus
色雷斯 Thrace
西恩那 Siena
西敏寺 Westminster Abbey

七畫

伯恩 Bern
克拉科夫 Cracow
呂底亞 Lydia
杜克大學 Duke University
杜賓根 Tubingen

八畫

亞伯丁 Aberdeen
亞雅崙 Ajalon
帕多瓦 Padua
林肯郡 Lincolnshire
波隆那 Bologna
阿布迪拉 Abdera
阿克拉加斯 Acragas

九畫

哈里斯河 River Halys
拜占庭 Byzantine
美國天文學會 American Astronomical Society
美國物理學會 American Physical Society

十畫

哥多華 Cordoba
朗厄蘭島 Langeland
格拉茨 Graz
格拉斯哥 Glasgow
格蘭瑟姆 Grantham
烏拉尼堡 Uraniborg
烏爾索普 Woolsthorpe
索邦學院 Sorbonne

十一畫

曼徹斯特 Manchester
基遍 Gibeon
康乃爾大學 Cornell
敘拉古 Syracuse
麥基爾大學 McGill

十二至十三畫

凱斯西儲大學 Case Western Reserve
斯堪尼亞 Scania
聖塔巴巴拉（分校） Santa Barbara

裡海　Caspian Sea

十五畫以上

歐洲核子研究中心　CERN
薩摩斯　Samos
蘇黎世　Zurich

其他

P維膜　p-brane

二至四畫

人擇原理　anthropic principle
大型強子對撞機　Large Hadron Collider, LHC
丹尼伯　Deneb
介子　muon
化約論　Reductionism
反射式望遠鏡　reflector
天狼星　Sirius

五畫

以太　ether
仙女座　Andromeda
仙后座　Cassiopeia
半人馬座α星　Alpha Centauri
布朗運動　Brownian motion
本輪　epicycles

六畫

光電效應　photoelectric effect
同倫學　homotopy
同調學　cohomology
夸克　quark
米利都人　Milesian
米提人　Medes

七畫

劫火宇宙　ekpyrotic universe

呂底亞人 Lydians
折射式望遠鏡 refractor
李代數 Lie algebras
貝特求斯 Betelgeuse

八畫

亞摩利人 Amorites
奇異點 singularity
弦論 string theory
拓樸學 topology
社會建構主義者 social constructivist
長度收縮 length contraction
阿波羅 Apollo

九畫

前蘇格拉底時期哲人 Presocratics
玻色子 bosons
重力子 graviton
重疊狀態 superposition

十畫

時間膨脹 time dilation
逆行運動 retrograde motion
馬其頓人 Macedonians

十二畫

腓尼基人 Phoenicians
萊頓瓶 Leyden jar
視差 parallax
費米子 fermions
超粒子 superparticle
超新星 Supernova
超對稱 supersymmetry
超導超級對撞機 Superconducting Supercollider
量子色動力學 quantum chromodynamics
量子場論 quantum field theories

量子詭異現象　quantum weirdness
量子電動力學　quantum electrodynamics
黑洞　black hole

十三畫

塌縮　collapse
奧坎剃刀　Ockham's Razor
奧迪巴倫　Aldebaran
愛奧尼亞人　Ionians
會合　conjunction
歲差　precession
萬有理論　the Theory of Everything
聖方濟會　Franciscan
聖經裡的正邪決戰　Armageddon
聖道明會　Dominican
路格瑞氏症　Lou Gehrig's disease
雷格　Rigel
電弱理論　electroweak theory
電動力學　electrodynamics

十四至十五畫

慣性　inertia
暴脹　inflation
熵　entropy

十六畫以上

整體論　Holism
盧卡斯數學教授　Lucasian Professor of Mathematics
靜電學　electrostatics
類星體　quasars

國家圖書館出版品預行編目資料

T恤上的宇宙：尋找宇宙萬物的終極理論／佛克（Dan Falk）著；葉偉文譯. -- 二版.-- 臺北市：貓頭鷹出版：家庭傳媒城邦分公司發行, 2018.4
288面；15×21公分 . --（貓頭鷹書房；235）
譯自：Universe on a T-shirt: the quest for the theory of everything
ISBN 978-986-262-347-3（平裝）

1. 統一場論　2. 通俗作品

331.42　　107003719